现代航空百科

（导读版）

《深度文化》编委会　编著

U0182116

清华大学出版社

北京

内 容 简 介

本书是介绍航空知识的科普图书，书中以问答的形式介绍了飞机建造技术、战机运行体系、战机作战体系、机体构造技术以及机体维修养护等内容，循序渐进地讲解了飞机的相关知识。除了介绍飞机本身，还对与之相关的知识体系，例如飞机的结构材料、飞机的防御体系等内容进行了详细分析与说明，能够提升读者对飞机技术的认知度。全书结构清晰，分章合理，排列有序，主次分明，各个阶层的航空爱好者均能从中获益。

本书适合作为航空爱好者、航空专业人士、对飞行和航空技术感兴趣的广大读者编写的参考用书。本书还可以作为各大院校师生相关专业的辅助教材，帮助他们在航空教育和学习过程中获得直观、全面的认识。

图书在版编目 (CIP) 数据

现代航空百科：导读版 /《深度文化》编委会编著 . —北京：清华大学出版社，2024.6
（我的第一本科普入门书系列）
ISBN 978-7-302-66299-0

Ⅰ.①现… Ⅱ.①深… Ⅲ.①航空—青少年读物 Ⅳ.① V2-49

中国国家版本馆 CIP 数据核字（2024）第 098141 号

责任编辑：李玉萍
封面设计：王晓武
责任校对：张彦彬
责任印制：宋 林

出版发行：清华大学出版社
　　　　网　　　址：https://www.tup.com.cn，https://www.wqxuetang.com
　　　　地　　　址：北京清华大学学研大厦A座　　邮　　编：100084
　　　　社 总 机：010-83470000　　　　　　　邮　　购：010-62786544
　　　　投稿与读者服务：010-62776969，c-service@tup.tsinghua.edu.cn
　　　　质 量 反 馈：010-62772015，zhiliang@tup.tsinghua.edu.cn

印 装 者：北京博海升彩色印刷有限公司
经　　销：全国新华书店
开　　本：146mm×210mm　　印　　张：10.375　　字　　数：398千字
版　　次：2024年6月第1版　　　　　　　印　　次：2024年6月第1次印刷
定　　价：69.00元

产品编号：096047-01

前 言

☆————————————

　　飞机最初用于战争主要是遂行侦察任务，偶尔也用于轰炸地面目标或攻击空中敌机。第一次世界大战期间，出现了专门为执行某种任务而研制的飞机，例如主要用于空战的歼击机，专门用于突击地面目标的轰炸机和用于直接支援地面部队作战的强击机。

　　由于飞机的机载电子设备的不断改进、机载武器性能的日益提高和飞机外挂能力的增强，飞机的功能逐渐向多元化方向发展。随着军用飞机家族的不断壮大，飞机与战争的联系也越来越紧密。战机因战争的需求而飞速发展，并不断改变着战争的形态。从飞机首次运用于战争到现在，已经过了上百年的发展历程。时至今日，各类战机在夺取制空权、防空作战、支援地面部队和舰艇部队作战等方面，仍然发挥着巨大作用。

本书是介绍航空飞机的科普图书，书中有 150 余个精心挑选的热点问题，从机体构造、动力系统、起降设施、电子设备、机载武器、日常运行、军事训练等多个角度切入，对飞机进行了全方位的解读与说明。全书文字通俗易懂，并加入了大量示意图、实物图和表格，符合各种军迷的阅读需求。通过阅读本书，读者将对飞机有一个全新的认识。

本书由《深度文化》编委会创作，参与编写的人员有丁念阳、阳晓瑜、陈利华、高丽秋、龚川、何海涛、贺强、胡姝婷、黄启华、黎安芝、黎琪、黎绍文、卢刚、罗于华等。对于广大资深航空爱好者，以及有意了解国防军事知识的青少年来说，本书不失为极有价值的科普读物。希望读者能够通过阅读本书循序渐进地提高自己的国防素养。

目 录

☆

第1章 基础篇 ·················· 1

✈ **第 2 章　机体构造篇** …………………… **75**

第3章　动力系统篇 ·················119

第4章　起降设施篇 ·················155

✈ 第5章 电子设备篇 179

✈ 第6章 机载武器篇 211

✈ 第7章 运行篇 ………………… 245

第8章 作 战 篇 ·················· 283

参考文献 ·················· 322

第1章
基础篇

　　军用飞机是直接参加战斗、保障战斗行动和军事训练的飞机的总称，是航空兵的主要技术装备之一。军用飞机大量用于作战，使战争由平面空间发展到立体空间，对战略战术和军队组成等产生了重大影响。

→ 概　述

一战初期，军用飞机主要负责侦察、运输、校正火炮等辅助任务。当一战转入阵地战以后，交战双方的侦察机开始频繁活动起来。为了有效地阻止敌方侦察机执行任务，各国开始研制适用于空战的飞机。

世界上公认的第一种战斗机是法国的莫拉纳·索尔尼埃 L 型飞机。它由于装备了法国飞行员罗朗·加罗斯的"偏转片系统"，解决了一直以来机枪子弹被螺旋桨干扰的难题。随后，德国研制出更加先进的"射击同步协调器"并安装在"福克"战斗机上，成为当时最强大的战斗机。"福克"战斗机的出现，从根本上改变了空战的方式，提高了飞机的空战能力，从此确立了战斗机武器的典型布置形式。

在飞机用于军事后不久，人们就开始了用飞机轰炸地面目标的试验。1911 年 10 月，意大利和土耳其为争夺北非利比亚的殖民利益而爆发战争。11 月 1 日，意大利的加福蒂中尉驾驶一架单翼机向土耳其军队投掷了 4 枚重约 2 千克的榴弹，虽然战果甚微，但这是世界上第一次空中轰炸。

随着空战的日趋激烈，作战飞机从此走上了"机动、信息、火力三者并重"的发展轨道，在速度、高度和火力等方面不断改进。飞机在一战中的地位从反对到不重视，再到重视，其地位的不断发展也为以后的战争方式定下了基调。

由于在一战中后期飞机的战略作用被各个国家所认识，因此到二战开始时，作战飞机已经得到了很好的发展，各种不同作战用途的飞机也应运而生，如攻击机、截击机、战斗轰炸机、俯冲轰炸机、鱼雷轰炸机等。二战期间，各种舰船（包括航空母舰）得到了大范围的使用，使得各种舰载机在战斗中具有巨大的发挥空间，往往成为各种海战的主导者。

20 世纪 50 年代初，首次出现了喷气式战斗机空战的场面。苏联制造的米格 -15 "柴捆"和美国制造的 F-86 "佩刀"都采用后掠后翼布局，飞行速度都接近音速，飞行高度为 15 000 米。机载武器已经出现口径 20 毫米以上的机炮，瞄准系统中装有雷达测距器。带加力燃烧室的涡轮喷气发动机便于改善飞机外形，使战斗机的速度很快突破了音障。20 世纪

60 年代以后，战斗机的最大速度已超过两倍音速，配备的武器已从机炮、火箭弹发展为空空导弹。

现代空战要求飞机具有良好的机动性，即转弯、加速、减速和爬升性能，装备的武器则是机炮和导弹并重。因此，此后新设计的作战飞机不再追求很高的飞行速度和高度，而是着眼于改进飞机的中、低空机动能力，完善机载电子设备、武器和火力控制系统。近年来的一些局部战争甚至完全通过空中打击来实现战略目标。随着各种高新技术的不断加入，作战飞机在战争中的地位势必越来越重要。

飞行中的 F-86 "佩刀" 战斗机

F-15 "鹰" 战斗机的正面视角

米格-15"柴捆"战斗机

"台风"战斗机进行编队飞行

→ 当代战斗机怎么划分世代

从喷气战斗机开始服役之后，出现了对于各种战斗机在发展历史上的世代划分。划分方式有很多种，划分的基本原则是以较为普遍的共通点作为世代划分的分野。历史上，欧美和苏联对于战斗机的世代划分曾明显不同于俄罗斯，但现在划分标准已较为统一。

第一代战斗机

第一代战斗机可以追溯到二战末期开始服役的机种，这一时期的喷气战斗机主要是争取速度上的优势。这些战斗机最初使用喷气发动机为动力，摆脱螺旋桨在接近音速时的上限。这些飞机的外形设计仍然沿用过去的经验，像德国的 Me-262 和美国的 YP-59 战斗机等，与二战时期的双发动机飞机设计相去不远，大多是使用前三点起落架。

在性能上，第一代战斗机的平飞速度比螺旋桨飞机要高，航程则受到发动机效率的影响而较差，水平运动性能也较弱，对油门改变的反应低。发动机寿命受到材料与设计的影响，也不如当时最好的活塞发动机。平飞的最大飞行速度在音速以下，武器承袭自二战，以机枪或者机炮为主，并且能够携带副油箱、炸弹与火箭弹等武器。

在结构和使用的材料上，已经无法继续以非金属材料构成，而必须以全金属，尤其是高强度的铝合金作为主要的机体结构。此外，喷气发动机产生的高温也需要耐高温的材料维系操作和安全。当第一代战斗机发展到后期阶段，部分 20 世纪 30 年代的技术与科研成果陆续被运用，包括后掠翼、弹射座椅、雷达测距仪等。同时，外形设计也针对高速飞行进行改良，在作战战术上也随之改进。

第二代战斗机

第二代战斗机的发展路线延续了第一代强调速度、实用升限以及操作高度等方面，尤其是最大飞行速度从亚音速，经过超音速，一直到 2 马赫的范围，这让该时期的战斗机陆续出现了极端设计。为了达到这些目的，加力燃烧室在这个阶段开始成为战斗机必要的装备，空气动力领域相关的研究成果也逐渐被广泛采用。除了增加后掠翼的角度以外，三角翼与几何可变翼是另外两类新形态的高速飞行机翼设计。而另外一项关键性的突破是机身采用面积律理论来设计。

第三代战斗机

第三代战斗机出现于 1960 年，这个阶段将先前积累的使用经验以及各种试验的成果加以整合。许多高速飞行时的现象和控制问题获得相当程度的解决，高后掠角度的机翼设计已经不受青睐，三角翼和几何可变翼与后掠角度小于 45°的梯形翼成为设计的主流。发动机的输出通过耐高温特殊材料和冷却技术变得更好。雷达与各类航电逐渐成熟与复杂化，机鼻进气口已经几乎完全被放弃，以配合大型雷达天线的安装需求，而这个需求使得飞机的制造成本迅速高涨。

第四代战斗机

第四代战斗机于 1970 年陆续服役，这些战斗机吸收了第三代战斗机设计与使用上的经验，加上诸多空中冲突与演习显示出来的问题和需求，融合之后成为冷战结束前后最主要的角色。除了多用途和精密航电的发展方向大致不变以外，第四代战斗机放弃了对高速、高翼负荷的设计追求，转而扩展了战斗机在不同高速与速度下的运动性。第四代战斗机广泛应用新材料与技术开发的大推力涡轮扇发动机，新型发动机在推力提升的同时降低燃料的消耗，使得体积较小的机型也有机会拥有较长的航程。

第五代战斗机

第五代战斗机较前一代战斗机最大的特点就是第五代航空发动机的使用以及低可侦测性技术的全面运用，并具备高机动性、先进航电系统、高度集成计算机网络，具备优异的战场状况感知能力以及信息融合能力。

第一代战斗机——米格-15战斗机

第二代战斗机——"幻影Ⅲ"战斗机

第三代战斗机——F-15"鹰"战斗机

第四代战斗机——JAS-39战斗机

第五代战斗机——F-22 "猛禽" 战斗机

→ 军用飞机最高时速能达到多少

进入 21 世纪以来，在军事实力方面，许多国家都有所提升，其中美国和俄罗斯都是不可忽视的存在。

在 20 世纪六七十年代，美国空军装备了高空高速战略侦察机——SR-71 侦察机，它的速度令大部分防空导弹都束手无策。根据当时驾驶过这种侦察机的空军少校所说，他可以驾驶 SR-71 侦察机随意在苏联上空进行侦察，苏联人发射的导弹根本碰不到它。对苏联空军来说，要应对 SR-71 侦察机所构成的威胁，就必须有更加先进的高空高速截击机，正是在这种作战需求的指引下，苏联研发了米格 -25 和米格 -31 战斗机。有数据显示，俄罗斯的米格 -25 战斗机早在 1967 年 10 月进行的 500 千米战斗机竞速比赛中，速度曾达到 2982 千米 / 时，飞行马赫数达到 2.83。俄罗斯名将曾说过："米格 -25 战斗机就是为超音速而生的！"由此可见这架战斗机的速度有多快。而后生产的米格 -31 战斗机飞行速度也能达到 2992 千米 / 时。不过米格 -25 和米格 -31 战斗机要达到如此之高的飞行速度必须满足飞机无外挂、少载油等符合高空飞行的条件。

目前，随着超燃冲压发动机技术的成熟，世界各国又开始了高超音速战斗机的角逐，即第六代战斗机的角逐。第六代战斗机的一个最大特征就是高超音速，一般认为，只有超过 5 马赫的飞机速度，才可以被称为第六代战斗机。全球首先实体化提案并公开的第六代战斗机只有波音公司的计划。在 2014 年 12 月美国华盛顿特区举行的美国海军协会大展上，波音公司公布了一款无垂直尾翼的第六代概念机构想图。该机分为双飞行员版本和无人机版本，两版外形完全相同，但详细性能不明。不过就目前而言，第六代战斗机距离实用还比较遥远。

高空飞行的 SR-71 侦察机

米格 -31 战斗机正在起飞

→ 军用飞机执行任务飞行时也有航线吗

飞行航线的方向和长度分别采用磁航线角和航线距离来表示。在航线的前期规划中，都是尽可能在最短的时间内飞抵目的地以便发挥航空器的飞行性能，规避拦截火力，避开国境线、空中禁区和地标稀少或不易辨认以及难以备降的地区等。

一般说来，飞行航线由航线起点、进入目标起点、返航起点、航线终点和必要数量的转弯点、检查点组成。

航线起点，是航空器进入航线飞行的起始点。航线的起始点一般不会选择"机场"。在大多数情况下是与机场有着足够距离的，以避免机场上空的拥挤、混乱，更是为了避免暴露机场位置或避免暴露行动意图。

如果要攻击一个城市的指挥节点，或者摧毁一个武器生产基地，都要制订具体的实施计划，以及相对突发事件的应对预案。攻击前要对目标区域进行详细侦察，获取对方的防空布局，比如导弹基地的位置、雷达基地的位置、防空火炮基地的位置、根据对方雷达探测范围找到新的雷达盲点，以此制定飞行路线，规划好航行路线。这个路线要尽可能地避开雷达扫描区域，远离导弹防空基地。同时，要摸准对方空中巡逻的时间和巡逻的次数。这样才能比较有效地缩短被对方发现的距离，以及尽可能避免与对方进行空战。合理的航线规划才能保证任务的实施。

以色列轰炸伊拉克的核设施就是一次不错的航线规划，甚至任务过程中是否要出动加油机，在哪个空域加油，是否要出动电子战飞机，是否需要出动预警机，预警机要在哪个空域进行活动，都需要提前规划，一环出现失误，很可能满盘皆输。

飞行中的图-22M"逆火"轰炸机

苏 -25 "蛙足" 战斗机正在起飞

飞行中的图 -160 轰炸机

→ 军用飞机在冬季如何进行除防冰作业

随着科学技术的不断进步，军用飞机在设计和制造时充分考虑了实用性、操纵性和安全性，飞机自身的可靠性不断提升，由飞机自身设计原因导致的事故数量显著减少。尽管如此，天气仍是影响飞行安全的重要因素之一，如颠簸、风切变、雷雨、积冰、低云及低能见度等危险天气。对于冬季飞行来说，影响飞行安全的最大因素就是飞机积冰。因此，军用飞机在冬季必须进行除防冰作业。

军用飞机之所以要进行除防冰作业，是因为飞机起飞是靠机翼在空气中相对运动形成的升力，飞机在达到一定的速度后，机翼会产生上浮的升力，而升力的大小依机翼的形状而变化，所以飞机起飞时机翼表面不能有任何附着物。如果机翼表面有积雪或积冰，气流就容易分离，飞机在空气中飘浮所需要的升力就会降低，而且机翼积冰有可能妨碍飞机的操纵系统，即便飞机飞起来也会处于不稳定状态。如果机身外部的空速管或静压探口发生堵塞或变形，还会导致产生错误的飞行数据。此外，机身上的冰块脱落还会使机体或发动机受损。因此，一旦确认机翼表面有霜、积雪、因低温导致的结冰，就必须实施除雪或除冰作业。

目前，大多数军用机场采用的除冰方法有停机位除冰和在机场指定区域进行的定点除冰。军用飞机的除防冰作业是除冰车向飞机喷洒除冰液将雪和冰融化，之后如果在飞机起飞前仍持续降雪或者判断机翼表面的水分会再发生积冰时，就要在机翼表面再度喷洒防冰液。除冰车上装有除冰液和防冰液两种液体。前者是水和原液的混合液，经过除雪车上的锅炉加热至65℃～85℃后进行喷洒；后者也是水和原液的混合液，但一般不需加热。

除降雪天气外，还有一种情况是需要对军用飞机进行除霜作业的。因为飞机在温度为-50℃的平流层飞行数小时后，燃油箱（通常位于机翼中）及其内部的燃油也会处于低温状态，当飞机降落后，地面湿度较高时附着在机翼外表面的水分就会结霜，这个时候就需要进行除霜作业。

另外，气温在零下时出现的浓雾，如果附着在冰冷的机体上也会形成一种肉眼看不见的冰膜，这时也需要实施除防冰作业。

除了军用飞机自身外，军用机场同样也需要进行除防冰作业。在遭遇降雪天气时，军用机场必须同时进行跑道的除雪作业和飞机的除雪除冰作业。如果跑道达不到飞机起飞标准，机场还要进行关闭。

F-16"战隼"战斗机进行冬季除冰

军用飞机机翼除冰

→ 战斗机为何不能飞到太空中

随着科技的发展，战斗机的速度越来越快，从亚音速向超音速再向超高音速发展。如今的战斗机一般都是超音速战斗机，能够进行超音速巡航。如果让战斗机垂直向上飞行，那么应该可以飞出地球进入太空，可是现实中却很少有战斗机能够飞进太空，这是为什么呢？

其实并非战斗机不想飞进太空，而是根本飞不进去。战斗机依靠的是尾部的发动机推力升空，然后依靠空气的升力实现升空飞行，这就是空气动力学原理。众所周知，地球上的高度越高空气就越稀薄，按照地球的空域划分，如果超过 2 万米的高度，那么就属于外太空，也就意味着空气极其稀薄，在这样稀薄的空气区域战斗机根本无法获得足够的升力，这就是很多战斗机的飞行高度被限制在 2 万米以下的原因。

另外，从战斗机的发动机构造来说，战斗机的发动机的工作原理：发动机启动之后，需要吸收空气，然后对空气进行压缩，与发动机燃烧室的燃料混合燃烧，然后产生强大的推力，从而实现战斗机的向前行进。如果在超高空地区，空气稀薄、氧气不足，战斗机的发动机无法正常工作甚至根本无法启动，发动机启动不了，那么战斗机会因为地球的引力快速坠落，造成机毁人亡的严重后果。火箭发动机之所以能够升空，是因为它不需要从外界吸入空气，而是依靠自身携带的燃料和氧化剂产生燃烧推力，从而在太空飞行。

即使战斗机不受空气动力原理、发动机构造等因素影响，它依然无法直接飞出地球进入太空。万有引力定律阐明，如果一个物体要想摆脱地球的引力进入太空，那么这个物体的速度必须达到第一宇宙速度，第一宇宙速度为 7.9 千米 / 秒（2.8 万千米 / 时），而世界上最快的战斗机米格 -31 的速度只不过为 3200 千米 / 时，速度上前者是后者的近 9 倍，这个速度相对于第一宇宙速度来说实在太慢了，这样的速度是逃不出地球引力的束缚的。

除了以上这些，还有很多因素制约了战斗机不能进入太空，比如战斗机飞行员在天空的供养问题、飞机的燃油充足问题、飞机返回地球抗热问题等，这些都决定了战斗机飞入太空就是自寻死路。

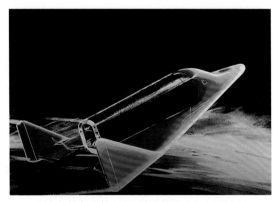

艺术家想象中的 X-20 试验机进入大气层过程

高速飞行的米格 -31 战斗机

→ 战斗机量产后如何处理验证机

验证机全称为技术验证机，是一种用于测试某项新技术可行性的飞机。验证机是战斗机研发过程中在演示验证阶段所使用的飞行平台，主要用于展示战斗机的特点与能力，验证所采用的新技术的成熟度和可用性，所以，验证机的作用是承包商向军方用户展示其产品的能力特性与证明其产品的可行程度。

验证机与工程制造和发展阶段的量产型飞机还是有很大差异的。美国在先进战术战斗机（也就是后来的 F-22 战斗机）的研发过程中，演示验证阶段持续时间长达 50 个月，美国军方在 7 家参与项目竞标的公司中，选择 2 家公司展开方案竞争，各自使用自己研发团队的验证机（分别为

YF-22 和 YF-23）及动力装置，展示各自飞机设计方案的隐形性能和超音速巡航能力，以及研发项目的风险控制方案和技术开发计划。两家公司分别制造了 2 架验证机，分别采用 2 种不同的发动机。1990 年 9 月 29 日，先进战术战斗机的验证机进行了首飞，YF-22 验证机的特点是采用推力矢量发动机，机动性能更强，成本更低，风险更小；YF-23 验证机的特点是速度更快，隐形性能更好。经综合评估，美国国防部于 1991 年 4 月 23 日宣布洛克希德·马丁公司的 YF-22 方案胜出，由此进入 F-22 战斗机的工程制造发展阶段。

保存在美国空军国家博物馆的 YF-22 验证机

量产型的 F-22 战斗机与 YF-22 验证机有较大的差异。例如，量产型 F-22 战斗机的前缘后掠角从 48°减至 42°，垂直尾翼面积减少 20%，座舱位置前移 18 厘米，等等。所以，进入量产阶段后，验证机的使命就已经完成，之后主要作为飞机制造公司开展后续研究的飞行试验平台使用，继续发挥验证机的余热。

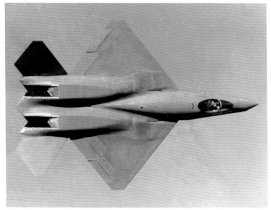

飞行中的 YF-23 验证机

→ 轻型战斗机与重型战斗机有什么区别

轻型战斗机是指战斗机中体型相对较小，航程相对较短，载弹量相对较少的战斗机。轻型战斗机是空军装备的重要组成部分，主要用于空战和战术支援任务。其载弹量一般不超过 8 吨，大都采用单发布局，外挂点在 10 个左右，航程在不进行空中加油时一般不超过 1000 千米。由于空中加油技术的成熟和航电技术的发展，轻型战斗机的作战能力已经开始向重型战斗机靠拢，再加上轻型战斗机相对比较廉价，因此世界各国都比较愿意开发轻型战斗机。

重型战斗机是指战斗机中体型相对较大，航程相对较远，载弹量相对较多的战斗机，具有纵深打击能力。重型战斗机的空重就有 15 吨左右，正常起飞重量为 20～22 吨，最大起飞重量能超过 30 吨，在战斗机中是名副其实的"大块头"。美国新推出的升级版 F-15X 战斗机，空空战斗状态可挂 22 枚空空导弹，空地战斗状态可挂 8 枚空空导弹和 28 枚 SDB 小圆径炸弹，加之配装有源相控阵雷达和先进电子战装备，其综合作战能力非轻型战斗机可比。因而一般来说，重型战斗机属于高端战斗机，轻型战斗机属于低端战斗机。

与重型战斗机相比，轻型战斗机也有其独特的优势。

（1）起飞重量小，配装先进发动机后，单位重量剩余推力 SEP 比较大，在格斗空战中仍保有一定优势。

（2）机体尺寸小，雷达反射面积平均比重型战斗机小一个量级，在中距空战中也有一定的生存优势。

（3）使用经济性好，研发、采购、维护和使用综合成本明显低于重型战斗机，有利于大批量采购。在军费紧张时代，成本优势仍然具有很大的吸引力。

实际上，重型战斗机和轻型战斗机的优势都是相对的。一国空军在装备采办上一般遵循高低搭配的优化组合模式，各采购一定比例的重型战斗机和轻型战斗机。在作战使用中，强调的是优势互补，采用重型战斗机和轻型战斗机混编协同作战的方式，发挥混编作战效能的最大化。

印度"光辉"轻型战斗机

F-16"战隼"轻型战斗机

二战时期的 Bf 110 重型战斗机

苏 -30 "侧卫 -C" 重型战斗机

→ 美国战斗机的尾焰为何大都是红色

　　在各国都在努力发展军事的今天，在航天领域还是一直以制造战斗机为主。这些战斗机中，有的战斗机尾焰是红色的，有些却是蓝色的。比如美国的 F-22 战斗机，在起飞时，尾部喷射的尾焰是橘红色的，而俄罗斯的 T-50 战斗机的尾焰，却带一点蓝色，这是为什么呢？

　　有专家指出，战斗机所喷发的尾焰的颜色跟尾部燃料的温度有关，火焰的温度在 600℃时颜色是暗红色；700℃时是深红色；在 1000℃的状态下是橘红色；要想呈现天蓝色的火焰效果，战斗机尾部的温度必须高，只有发动机功率大才能提供足够的动力，所以温度起码要达到 2500℃。这就说明相比之下，美国的战斗机尾焰温度低并不用消耗过多的燃料和动力就能够保持正常飞行。

　　发动机的性能优劣不只在于推动力方面，也在于使用时长，寿命越长越耐用，且损失的力度小。调查显示，美国的发动机的使用寿命在 7500 小时左右，而俄罗斯所研制的发动机的使用寿命为 3000 ～ 5000 小时，显得稍逊一筹。

对于发动机的使用，美国的技术是燃烧室位置比较靠前，并在尾气排出口采取降温措施，保证喷射的火焰温度能够有效降低，尽可能减少往外喷射的红色火焰，以便于作战时有更好的隐形效果。所以，对比俄罗斯的隐形战斗机，美国隐形战斗机在处理技术方面占据优势，在隐蔽性能上自然更好一些。

呈红色尾焰的 F-22 战斗机

呈淡蓝色尾焰的苏 -57 战斗机

→ 为何战斗机的交付一般都由运输机领队

美俄两国是当今世界最大的两个战斗机输出国，很多国家的战斗机都来自这两个国家。我们常常可以在国际新闻中看到这样一个画面：俄罗斯在交付战斗机的时候，都会有一架或两架运输机进行开路。究其原因，有以下几点。

首先，虽然类似苏 -27 以及苏 -35 这样的战斗机具备远航能力，但是为了保证飞行安全，还是需要引导机来进行飞行引导的。用伊尔 -76 这样的大型飞机做引导机，可以保证战斗机的飞行密集度，避免战斗机在飞行途中发生事故。

其次，采购战斗机的时候，并不只是单单采购一架战斗机，往往会采用很多与战斗机匹配的零部件和武器，包括战斗机备用发动机、航电系统以及空空导弹等。这些备用零部件显然是不能依靠战斗机进行运输的，而且战斗机也不能带着实弹飞跃他国的领空，所以在交付的时候，派一架运输机随行，可以将这些东西也带过去。

最后，交付战斗机的时候，一般由战斗机输出国的飞行员驾驶战斗机飞到目的地。如果交付的战斗机数量较少，飞行员交付完战斗机之后，一般会搭乘民航飞机回国。但是如果交付的战斗机数量较多，随机而来的飞行员也不少，这个时候，运输机就可以把飞行员带回去。

苏-35战斗机正在起飞

除了空运，战斗机输出国有时也会采取海运的方式运输战斗机。对于战斗机这种每台动辄数十吨的货物，使用海运相对性价比就高了不少。唯一的缺点是，由于海运所需时间较长，飞机在海上的安全有时得不到保证，还需要出售国或购入国派出海军舰艇接力保护。

伊尔-76运输机前侧方视角

苏-27战斗机前侧方视角

→ 单螺旋桨战斗机飞行时机身为何不会向螺旋桨反方向转动

一般来说，单发的螺旋桨战斗机是会受到螺旋桨副作用影响的。螺旋桨的副作用主要包括滑流、进动、扭矩等因素，这些副作用会影响飞机的姿态与航向。

螺旋桨因素是指在大迎角状态下，螺旋桨旋转时，下行桨叶迎角大，而上行桨叶迎角小，故下行桨叶的拉力大于上行桨叶的拉力，形成了偏转力，使飞机绕立轴向左偏。此种情况下，飞行员需要用方向舵予以修正。

滑流也跟螺旋桨旋转的方向有关。螺旋桨除了让空气加速往后流动以外，也会带着气流顺时针旋转。以右转螺旋桨为例，机翼上方的气流是由左向右的，这会产生一个左偏的力矩，需要飞行员蹬舵修正。随着飞机速度的加快，这个滑流的影响会逐渐减小。

进动是旋转物体（比如陀螺）的一种现象。以右转螺旋桨为例，飞行员操纵飞机抬头时，由于进动飞机会向右偏航，而飞机向右偏航时，又会自动低头，此种副作用需要飞行员拉杆抵消。

最后是旋转扭矩，飞机给螺旋桨一个顺时针旋转的力矩，那必然有一个反作用力，让飞机逆时针滚转，也就是向左滚转。只要螺旋桨在转，这个力矩就会存在。它会持续地带来与螺旋桨转向相反的力矩，令飞机滚转，此效应需要飞行员调整副翼抵消。

这些因素虽然影响飞行，但它们都是能够被抵消的，只要合理地操控飞机，就能安全飞行。现代飞机在自动飞行时能靠飞控软件自动补偿，但老式战斗机都是由飞行员实时进行控制

飞行中的 P-51 单螺旋桨战斗机

与补偿的，可以说，单螺旋桨战斗机飞行时，机身不会向螺旋桨反方向转动，正是飞行员飞行经验的体现。

飞行中的 Bf 109 单螺旋桨战斗机

→ 为何各国很少装备垂直起降战斗机

　　垂直起降战斗机是利用垂直起降技术起降的战斗机。垂直起降战斗机不需要滑跑就可以起飞和着陆，对跑道条件要求低，能在前沿和攻击舰上跟随地面部队进行部署和攻击，对前方支援回应速度快，使用非常灵活。垂直起降战斗机一直是作战飞机领域的尖端产品，但由于研制难度和研制成本过大，多个国家先后退出研制行列。迄今为止，包括美国、俄罗斯、德国、英国、法国在内的航空技术先进国家均在垂直起降战斗机领域有过研究，其中美国、俄罗斯、英国的垂直起降战斗机进入过量产阶段，德国、法国的垂直起降战斗机曾经发展过原型机进行飞行测试。

　　垂直起降战斗机虽然直到冷战期间才开始大放异彩，但早在二战末期就已经进入相对实用化的发展阶段。1944 年盟军开始对德国进行大规模空袭之后，由于空军基地、战斗机部队和战斗机生产线损失殆尽，德国空军逐渐丧失制空权。为此，德国开始研发火箭动力的 Ba 349 垂直起降截击机，准备将其部署于丛林隐蔽地带的临时基地中用以拦截盟军的轰炸机部队。该机起飞时必须将机身垂直于地面，以便火箭发动机能提供足够的推力确保实现垂直起飞。因此，Ba 349 垂直起降截击机称不上是严格意义上的垂直起降战斗机，加之产量极少，对战局发展几乎没有产生影响。

进入 20 世纪 90 年代后，英国和俄罗斯也退出了垂直起降战斗机的研制国家行列。由于苏联解体造成北约国家空中安全压力降低、俄罗斯航空工业实力衰退，因此除美国以外各国都不再进行新型垂直起降战斗机的设计。

从技术角度而言，垂直起降战斗机可以认为是当今战术作战飞机方面技术含量最高的一种。除了常规起降作战飞机的必备技术以外，由于垂直起降涉及升力系统与平飞动力系统之间的操控转换、垂直起降时机体需承受高温燃气、发动机推力必须满足同时升力和平飞等特殊问题，其对于材料水准、发动机设计和操控系统都有极高的设计和制造要求，这也是半个多世纪以来研制垂直起降战斗机的国家越来越少的原因。

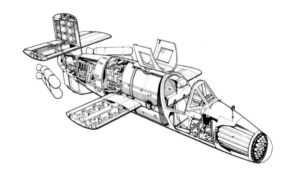

Ba 349 垂直起降截击机示意图

英国"鹞"式垂直起降战斗机

二战时期的 Ba 349 垂直起降截击机

为何喷气式飞机飞过天空会留下一道白烟

当我们抬头仰望蓝天，看着喷气式飞机轰隆隆飞过头顶时，常常能看到飞机的尾部留下一道长长的白色烟迹，这种情况就是人们常说的"飞机拉烟"。气象学家称它为飞机尾迹，也叫"尾迹云"。其实，这种白色烟迹并不是飞机喷出来的烟，而是由于高空温度低，飞机排出来的废气与周围的空气混合后凝结而成的水汽成为一种特殊云系，看起来是白色的。其实，飞机在高空飞行时，排出的废气与高空空气相混合，混合气体的饱和程度取决于热量与水汽增量两者的净效应，当增湿效应占优势并超过临界值时，就会形成一道拖在飞机尾巴后面的长长的凝结尾迹；而当增热效应占优势时，则不会形成尾迹。相关工作人员根据经验总结出，一般飞机飞行在 7 千米到 11 千米之间的高度时，可能会发生该现象。

除了我们平时见到的飞机拉"白烟"，在重大节日庆典中还可以看到一种"彩烟"。这种"彩烟"一般是特技飞机在进行航空表演时为了营造气氛，有意识地在机尾拉出一条彩色的烟带，在空中绕出各种美丽的造型，这就是人为制造出来的"表演拉烟"。这两种拉烟的原理大致相同，只不过在"彩烟"表演中，人们增加了一点配料，因而形成了"彩烟"。

拉烟飞行是观众非常喜爱的表演形式，之前的飞机表演大多采用固体拉烟弹。但固体彩烟有个缺点，就是颜色相对较淡，留空时间也短。经过优化，如今拉烟飞行表演中采用液体拉烟剂，将拉烟时间增加到 7～8分钟。它主要依靠飞机机腹下加挂的液体拉烟吊舱，将高沸点的液体拉烟剂注入吊舱，通过氮气加压的方式，将烟剂从拉烟喷嘴里"吹"出来，送入发动机喷出的高温燃气中，形成的蒸气遇冷后凝结成雾，就成了浓浓的彩烟。

F-22"猛禽"战斗机飞行时产生的白烟

F-35"闪电 II"战斗机飞行时产生的白烟

为何很少有国家研发轰炸机

为了更好地发展军事能力，各个国家都会研制各种各样的武器，比如轰炸机，自其问世以来就为国家做了很多贡献，战斗力也很强劲。但在现代战争中，却很少有国家继续研发轰炸机，究其原因，大概有以下几点。

第一，科研技术的开发。要知道想要成功研制出一种武器，其科研难度特别大。而轰炸机则是除了航母外研发技术难度最高的武器之一，一旦研发不当，就会导致机毁人亡，因此各个国家在研制它时总是会格外小心。现在轰炸机的研发技术则要求更高，除了在动力、载弹量等方面要精进外，还要升级电子系统。因此，如果一个国家没有一套完整的军事系统，很多科技人员根本研制不出来一架新型轰炸机。

第二，经济问题。虽然轰炸机的作战效果非常好，但制造它的成本却非常高，除了制造费用，还有轰炸机的保养费用，只有经常对其进行保养才能使它的零件不会很快老化，而这笔保养费用也是惊人的。因此，哪怕英国拥有研发轰炸机的技术也仍然不敢轻易研发。

第三，大环境因素。现在的社会正处于和平发展时期，因此更多注重的是人才和高科技信息技术方面的培养，像这种军事性武器则很少被用到。而很多国家拥有其他的新型作战武器，即使真正作战也不会感到害怕，因此自然也很少用到轰炸机。

其实从能力上来看，很多国家都有机会研发轰炸机，不过他们都有其他武器的储备，碍于条件受限，因此也不会去研发轰炸机。

英国"兰开斯特"轰炸机

"火神"式轰炸机前侧方视角

-160 轰炸机在高空飞行

→ 轰炸机与战斗机相比谁更重要

空中力量是执行打击任务的有效手段，甚至是决定性手段，而为了达到空中打击的作战目的，需要实现两个前提：第一，具备夺取制空权的能力；第二，能够在夺取制空权后实现对敌方物质条件和作战意志的粉碎性攻击。前者要求具有一定程度质量和数量的战斗机，而后者要求具有一定程度质量和数量的轰炸机。这种夺取制空权的机型和执行攻击任务的机型泾渭分明的局面，从作战飞机登上历史舞台起持续了半个多世纪。

随着技术的发展，目前的作战飞机在概念上正在多用途化，战斗机已经越来越多地发展为多用途战斗机，执行包括对地攻击在内的各种任务；而轰炸机（主要是超音速轰炸机）也往往携带大量空空导弹、反舰导弹使之具有进行伴随护航或夺取区域制空权的能力。

轰炸机和战斗机作为空中军事力量中两种非常重要的武器平台，都具有显示存在、显示实力和显示决心的威慑功能，但是这两种空中武器平台的威慑效果有很大的差异。轰炸机在航程、机动范围、打击能力、打击手段、打击强度、打击灵活性等方面的综合作战能力均强于战斗机。在显示空中军事存在方面，轰炸机具有更强的持久性；在显示实力方面，轰炸机具有更强的对地面和水面目标的打击能力，特别是能持续而直接地打击对手的纵深战略目标、战争潜力目标；在显示决心方面，轰炸机作为战略武器平台，一旦动用即表示向对手发出了明确而强有力的政治、外交和军事信息。

轰炸机和战斗机是空战战场的"黄金搭档"，战斗机负责保驾护航，战略轰炸机负责使用大量精确制导武器精准打击战略目标，二者互相搭配，能够快速又高效地夺取空中优势。由此可见，轰炸机和战斗机不存在哪个更重要的问题，在完成空中战役任务时两者缺一不可，而这也正是战斗机与轰炸机逐渐"合二为一"的原因。

B-52 轰炸机下层甲板的雷达与轰炸系统（左）及导航系统（右）

图 -160 "海盗旗" 轰炸机正在起飞

B-1"枪骑兵"轰炸机正面视角

什么是轰炸机地毯式轰炸

　　地毯式轰炸是轰炸机在使用非制导武器为主的时代所采用的一种典型轰炸方式。在进行轰炸作战时,多个轰炸机编队组成一个大规模轰炸机机群,进入预定的目标区域后,轰炸机机群中的各架轰炸机按指挥机的命令同时投弹,由于各架轰炸机之间有数十米至数百米的间隔和距离,各架轰炸机投弹的弹着点将覆盖很大的区域,所有弹着点集合起来的区域就像一张大地毯一样覆盖了预定的打击目标,弹着点按一定的概率在目标区域内随机分布,总有一部分炸弹会命中该区域内预定的打击目标。所以,地毯式轰炸在轰炸机作战中属于典型的面积轰炸方式。

　　二战期间,交战国多次使用轰炸机对敌方控制下的城市进行地毯式轰炸。同时,也在战术层面上使用地毯式轰炸作为空中支援的手段。在 1943 年 7 月到 8 月间,仅仅 1 个月的时间,德国汉堡这座城市就遭受了 4 次地毯式轰炸,英美两国先后出动轰炸机 3000 多架次,共向这座城市投下了约 8000 吨的弹药,让这座城市变成了一片火海。

第1章

二战结束后，随着精确制导突击武器的使用，地毯式轰炸逐渐让位于精确轰炸。此外，由于战略核武器的出现，只要一枚核弹就可以将中小型城市或军事设施彻底夷为平地，远比传统的地毯式轰炸更有效率、更具威胁性且较不容易失败。但在某些战场准备的战术性轰炸中仍采用了面积轰炸方式。例如 1991 年的海湾战争中，在多国部队发起地面进攻前，为了打击部署在边境地区的伊拉克地面部队，就出动了 B-52 轰炸机以地毯式轰炸的方式，对处于非接触状态的伊拉克地面部队进行持续轰炸，在物质上和心理上重创伊拉克地面部队。

B-52 轰炸机正在投射炸弹

B-2 轰炸机所携带的武器系统

→ 现代战场上战略轰炸机还有没有存在的必要

战略轰炸机是战略核力量的重要组成部分，可作为战略进攻武器使用，在必要时也遂行战术轰炸任务，支援陆、海军作战。和平时期，战略轰炸机的一举一动往往体现着一个国家的意志，吸引着世界的目光。拥有战略轰炸机的国家可以通过它在前沿部署、远洋巡逻或军事演习等展示自己的实力，从而在国际政治与安全事务中取得更主动的话语权和更大的活动空间。

正因为如此，以美国、俄罗斯为首的航空强国一直把发展大型战略轰炸机作为一项与国家安全紧密相关的重大国策。目前美国空军一直保持着 B-52、B-1B 和 B-2 三大战略轰炸机同时服役的强大阵容。美军同时还认为，只有加快发展下一代战略轰炸机才能继续保持自身绝对领先的地位。

俄罗斯对战略轰炸机也极为重视，认为它是对抗美国导弹防御系统的有效手段。尽管俄罗斯现役的图 -22M、图 -95 和图 -160 三种轰炸机技术不如美国先进，但俄罗斯一直在对它们进行不断的升级改造。例如为图 -160 轰炸机配备可以打击 2500 ～ 2800 千米目标的新一代战略巡航导弹，完善图 -95 轰炸机的一体化导航和信息保障系统以增加其航程，更新图 -22M 轰炸机的机载系统以使其能够增装制导炸弹和空地导弹。经过升级改造，这些服役已久的轰炸机仍然能够发挥战略威慑的作用。

目前，诺斯洛普·格鲁曼公司、洛克希德·马丁公司和波音公司等军火巨头，都在为美国未来轰炸机的研发展开竞争。据报道，新一代轰炸机将配备下一代传感器、定向能武器，将具备目前空中作战平台所无法实现的强大作战能力。这种新型的远程打击轰炸机将具有超强的隐形性能，既能够挂载常规武器，也能够携带核武器，并具有有人驾驶和无人驾驶双重模式。毫无疑问，战略轰炸机仍将是世界军事强国的宠儿。

图 -95 战略轰炸机侧方视角

B-1B 轰炸机正在起飞

飞行中的图 -22M 战略轰炸机

高空飞行的图 -160 战略轰炸机

→ 攻击机和战斗轰炸机有何区别

　　攻击机是作战飞机的一种,主要用于从低空、超低空对敌方进行突击,直接支援地面部队作战。攻击机的特点是有良好的低空和超低空稳定性和操纵性;良好的下视界,便于搜索地面小型隐蔽目标;有威力强大的对地攻击武器,除机炮和普通炸弹外,还包括制导炸弹、反坦克集束炸弹和空地导弹等;飞机要害部位都有装甲保护,以提高飞机在地面炮火攻击下的生存力;起飞着陆性能优良,能在靠近前线的简易机场起降,以便扩大飞机支援作战的范围;机上装有红外观察仪或微光电视等光电搜索瞄准设备和激光测距、火控系统等;有的攻击机具有垂直/短距起降能力。

　　攻击机是一种以打击敌方前沿和中、近程地面目标为主的航空武器。美国和俄罗斯等国根据攻击方式、攻击能力和各种兵力作战要求不同,将攻击机分成两大类。一类是可在靠近前线的简易机场起降,在战场上空停留时间较长,载弹量较大,专门打击地面坦克和机动目标的亚音速攻击机,如美国 A-10 "雷电Ⅱ" 攻击机、俄罗斯苏 -25 "蛙足" 攻击机。此类攻击机易受对方空中力量袭击,自卫能力较弱。另一类是超音速攻击机,具有低空高速突防能力,配备强大的对地攻击武器,作战半径较大,有一定的空战和自卫能力,如美国 F/A-18 "大黄蜂" 战斗攻击机、俄罗斯米格 -27 攻击机、英国 / 法国 "美洲虎" 攻击机。

　　战斗轰炸机是一种结合战斗机与轰炸机两种功用的军用飞机,同时具有攻击海上目标、地面目标和空中反击的能力。与以往执行轰炸时需要战斗机护航的轰炸机不同,战斗轰炸机本身具有防空能力,一架就可以确保任务顺利执行。战斗轰炸机的任务是对目标进行密接支援,作为战术轰炸机使用,它本身具有一定程度的空防能力,可以充分在区域冲突与地面支援中崭露头角。

　　战斗轰炸机虽然具备两种飞机的功能,但直至第四代战斗机为止,大部分战斗轰炸机在空战上仍不如专门空战的战斗机。加上很多战斗机也具备一定的空对地能力,因此现代的战斗机发展多以空战为主、轰炸为辅,或一种专门空战的战斗机配合一种专门轰炸的战斗轰炸机,如

F-16"战隼"战斗机配合 F-15E"攻击鹰"战斗轰炸机。

虽然攻击机和战斗轰炸机都可以执行对地攻击任务，但两者并非同一机种，它们的区别在于突防手段和空战能力不同。攻击机的突防主要靠低空飞行和装甲保护，战斗轰炸机则主要靠低空高速飞行；攻击机一般不宜用于空战，而战斗轰炸机具有空战能力；攻击机用于突击地面小型或活动的目标，比使用战斗轰炸机更有效。此外，攻击机可在野战斗机场起降，而战斗轰炸机一般需用永备机场。

飞行中的苏 -25"蛙足"攻击机

A-10"雷电Ⅱ"攻击机

F/A-18 "大黄蜂" 战斗攻击机

F-15E "攻击鹰" 战斗轰炸机

→ 世界各国空军如何处理退役飞机

军用飞机退役后，都要经过一个严谨的技术处理和封存过程，并不会立即报废拆解，回炉制造成铝锭。以美国空军著名的"飞机坟场"——戴维斯·蒙山空军基地为例，每架退役飞机在抵达这里后都要经过仔细清洗和无害化处理。首先是给机身洗澡，清洗掉附着在机身表面的盐雾和尘土；然后清洗油路，换上轻质润滑油后再启动发动机，使发动机和燃油系统内部都被覆盖上一层保护油；最后要拆除座舱弹射座椅点火器这样的火工品，抽干机身内任何具有腐蚀性的化学液体。

处理干净的飞机就能被拖进"坟场"封存了。根据飞机状态的好坏，其封存状态也分为几个等级：1000 型储存意味着这架飞机要维持在能够立即重新服役的水平，也被称为"无破坏"储存，不允许拆除机上的任何零件；2000 型储存与 1000 型储存基本类似，不过飞机被视为"器官捐献者"，允许拆除零部件用于维持现役机队。

1000 型和 2000 型储存的飞机在完成清洁处理后都会被喷涂上乳胶，其作用是覆盖机身表面的接缝和开口，防止水汽和野生动物进入机身。乳胶分两步喷涂，上表面喷涂白色，下表面喷涂黑色，有助于缓解飞机在沙漠高热环境下的老化，白色涂层使飞机的内部温度保持在环境温度9℃以上。

3000 型储存是指那些暂时存放在"坟场"的飞机，这些飞机受到最精心的照料，每隔 30 天要启动一下发动机，检查各种液体，拖行以保持机轮轴承的润滑。4000 型储存一般都是最老的飞机，基本不可能重新服役了。这些飞机只在发动机和座舱盖部位喷涂乳胶，而且一般会被拆掉发动机另行储存。当 4000 型储存的飞机贡献出所有的可用零部件后，空机体也就要被拆解回收。

美国空军之所以能不断地从"飞机坟场"中拖出退役战斗机销售给外国，或者改装成无人驾驶靶机，就是因为这种严谨的退役战斗机封存制度能精确掌握每架退役飞机的状态。

与美国空军相比，其他国家的空军处理退役飞机的办法虽然在细节上存在差异，但是总的原则基本相同，主要处理办法都是封存和改装。

除此之外，退役飞机还有一些其他的用途，例如用作展览，当作教学用具。总而言之，退役飞机是一笔可观的资产，各国都会妥善利用，创造出最大的效益。

美军退役飞机"坟场"

俄罗斯退役的战斗机

→ 美国军用飞机垂尾的字母有什么含义

现代战斗机由于采用低可视度涂装,在近距格斗过程中,可以减小被对方发现的几率,从而提高战斗机自身的隐形能力。那么美国空军战斗机大机群作战时,如何在空中第一时间识别敌方战斗机来自哪个基地、哪个中队?哪一架是部队的空中指挥官?美国空军针对这些情况做出了很有意思的设计。我们一般从美国军用飞机的垂尾部分的信息就能看出该机所属部队、驻扎基地等信息,尾部的两个大写的字母就是所谓的尾码。尾码一般由两个字母组成,其大小随飞机的大小而不同。

双字母尾码始于 20 世纪 60 年代初的美国海军,空军是在 20 世纪 60 年代末才开始使用的,最早使用该系统的是太平洋空军司令部。大约到 20 世纪 80 年代时全军已经普及尾码。尾码一般是按照基地来设置的,在同一个基地的军机一般使用同一尾码,因而通过尾码能识别军机的基地。尾码还有一个作用,即英文字母加上机号的后三位数字就构成了该机的无线电呼号,这也是机号的后三位数字的字体要大一些的原因。

垂尾的尾码下面是飞机的机号,也叫服役号、系列号。机号通常被标在飞机的垂尾上,有时还会写在机头、座舱盖或风挡玻璃下方,写在垂尾上的机号多写成只有后 4 位、5 位的情况,特别是在大型飞机上。此外,一些空军飞机后部的机身上有一个涂装标牌,标明涂装的日期和地点,和机身各区域所用的涂料的 FS 色彩编码,这可是不可多得的模型涂装资料。

美国军用飞机一般在机身和机翼上喷涂飞机标识(即机徽),在垂直尾翼上喷涂飞机的编号(即序列号)。但也有个别例外,如对 F-35 战斗机而言,美国空军与美国海军和海军陆战队飞机编号喷涂的位置略有不同。美国空军的 F-35A 战斗机按传统是喷涂在垂直尾翼上,而美国海军和海军陆战队的 F-35C 和 B 型机是将编号喷涂在水平尾翼的下方。

美军飞机的编号是有规律的。如果掌握了编号设置的规律,就能很快辨认出某架飞机所部署的基地以及该机已经服役的年限。美军飞机目前的编号由两部分组成,第一部分为两个字母,第二部分为一组序列号。

第一部分的两个字母表示该飞机所在的飞行部队的永久性部署基地的名称或基地所在地区的名称。例如，F-22 战斗机的垂尾上有 TY 两个字母，表明这架 F-22 战斗机属于部署在佛罗里达州廷达尔空军基地（Tyndall AFB）的第 325 战斗机联队。F-35 战斗机垂尾上有 HL 两个字母，表明这架 F-35 战斗机属于部署在犹他州希尔空军基地（Hill AFB）的第 388 战斗机联队。美国空军常有一个基地永久部署两个飞行联队的情况，为了区分不同的部队，也会在字母代字上做适当调整。例如，美国新墨西哥州霍洛曼空军基地（Holloman AFB）同时部署了第 49 联队和第 53 联队。为有所区别，第 49 联队的飞机用 HO 代字，第 53 联队用 HD 代字。此外，也有部分情况字母代字与基地名称没有关系，如第 1 战斗机联队的飞机采用 FF 代字，其部署基地为弗吉尼亚州兰利 - 尤斯蒂斯联合基地（JB Langley-Eustis），单从名称上看不出两者之间有什么联系。

垂尾上有"TY"字样的 F-22 战斗机

垂尾上有"HL"字样的 F-35 战斗机

→ 高空高速战斗机为何逐渐被取代

20 世纪 50—70 年代末，高空高速战斗机曾是战斗机的发展主流，当时要求战斗机的速度越快越好，并出现了以 F-103、米格 -25 和米格 -31 等为代表的高空高速战斗机。但是自 20 世纪 80 年代以来，航空专家和空军飞行员发现，战斗机并不是速度越快越好。自第三代战斗机问世起，高空高速战斗机便迅速被以中空跨音速高机动性为主要特征的第三代战斗机取代。时至今日，中空跨音速高机动性的第三代战斗机一直是战斗机发展的主流。形成这种发展格局的原因大致有以下几个方面。

首先，高空高速战斗机的功能比较单一。在当时，高空轰炸机是投射核武器的主要平台，战略侦察的重要手段也是高空侦察机，高空高速战斗机的主要任务就是有效拦截高空轰炸机和高空侦察机。在执行空中阻滞和近距空中支援方面，高空高速战斗机的优势并不明显，还需要发展其他类型的战斗机兼顾执行相应的任务，装备的综合效益不高。

其次，高空高速战斗机的实战表现不佳。虽然航空强国大力发展了高空高速战斗机，但此类战斗机在投入战场后实际使用时表现平平。20 世纪 60 年代，由米高扬设计局研制的米格 -25 战斗机，其最高速度可达 3 马赫以上。虽然该机在与 F-4 "鬼怪 II" 等同时代战斗机作战时有一定的速度优势，但是重量与油耗限制了该机的性能，因此在实战中也只是一架可高速运行的战斗机。

最后，现代空战仍然以中空亚音速机动空战为主。英阿马岛战争、海湾战争和科索沃战争的空战表明，制空作战的主要打击目标还是战斗机，行动方法是空中寻歼、战斗空中巡逻和护航，空战高度多数在 6000

高空飞行的米格 -25 战斗机

米以下，速度多为
0.8～1.3马赫，在这
个范围内，高空高速
战斗机难有作为。

在借鉴越南战
争空战经验后发展起
来的高机动性战斗机
（如F-16"战隼"和
F-15"鹰"、苏-27"侧
卫"），配装了先进
的火控雷达、空空和
空面突击武器，兼具
制空和空面作战能力，
迅速取代高空高速战
斗机，成为战斗机发
展的主流，高空高速
战斗机很快便退出了
历史舞台。

高速飞行的F-105"雷公"战斗机

飞行中的米格-17"壁画"战斗机

高空飞行的F-16"战隼"战斗机

苏 -27 "侧卫" 战斗机正面视角

→ 军用直升机如何划代

在直升机诞生至今，直升机的性能发生了质的飞跃，在性能变化的背后，是技术实现方式和工作原理的变化。比如旋翼能够适应更大转速和空气阻力，并不仅仅因为旋翼自身结构的优化设计，而是旋翼材料从木质变成了复合材料。复合材料桨叶的应用，不仅显著改善了直升机的气动性能，而且使直升机的适用性更佳，维护大为简化，而最大的优势是复合材料桨叶比木质材料桨叶表现出更好的抗疲劳性能，与几百小时寿命的木质桨叶相比，复合材料桨叶能够达到上万小时甚至无限寿命。

与桨叶依靠新技术提升性能的实现方式相同的还有机身设计和制造、动力传动等关键技术的更迭，根据这些新技术运用的不同时间和型号，从 20 世纪 30 年代以来的直升机大致可分为 4 代。

第一代直升机的发展时间一般为 20 世纪 30 年代至 60 年代，其主要技术特征是：安装活塞式发动机，震动和噪声比较大；金属、木质混合式旋翼桨叶；机体为钢管焊接成的桁架式或铝合金半硬壳式结构；装有简易的仪表和电子设备。第一代直升机最大平飞速度约 200 千米 / 时，代表机型如苏联的米 -4 等直升机。

第二代直升机的发展时间为 20 世纪 60 年代至 70 年代，世界各主要航空技术强国发展了第二代直升机。主要技术特征是：动力系统由往复式活塞发动机更换为转速更高、稳定性更好、寿命更长的涡轮轴式发动机；由于发动机转速的提升，旋翼原有的木质桨叶难以承受更大的空气阻力，所以木质桨叶被更换为全金属桨叶；机体仍然采用支架配铝合金蒙皮的制造工艺，被称为半硬壳式结构；与第一代直升机不同的是，第二代直升机开始采用最初的集成微电子设备，对于一些飞行数据的显示更加精确。

第一代直升机——米 -4 直升机

第三代直升机的发展时间为 20 世纪 70 年代至 90 年代。第三代直升机的主要技术特征是：由于固定翼战斗机采用的涡扇发动机技术不断成熟，涡轴发动机也得到了相应的改进，发动机热效能得到进一步提高。由于第三代直升机中出现了专门

第二代直升机——米 -8 直升机

用于攻击地面的武装直升机，所以第三代直升机的机动性能与第二代直升机相比，已经出现了质的飞跃。为了实现更高的机动性，复合材料制造的桨叶被要求具有更强的弹性，于是采用了全新的制造工艺。直升机的桨叶不再是车工或轧制的产品，而是像裱糊工艺，将巨大的复合材料薄膜一层一层地贴上去。与桨叶一样，第三代直升机的很多制作工艺已经较第二代直升机发生了质的变化。

第四代直升机于20世纪90年代诞生，其主要技术特征是采用了热效比更高的涡轴发动机，发动机风扇的材料也得到了升级，机身复合材料的应用比例进一步加大，操纵系统从原来的连杆式液压助力操控变成了电传动操控。飞行员只需对飞机发出各种指令。而在完成指令的各种动作处理，由计算机根据周围环境感知数据自主判断完成，这样使飞行员的训练变得越来越简单。第四代直升机的代表型号有"科曼奇"、NH-90、卡-52等直升机。

第三代直升机——"山猫"直升机

第四代直升机——NH-90直升机

→ 直升机在反潜作战中有何优势

直升机虽然能有效杀伤水面舰艇，但更大的作用是反潜。直升机反潜是立体反潜体系中一个重要的组成部分，这是因为直升机反潜与其他反潜兵器比较有明显的优越性，概括起来主要有以下几个方面。

（1）反潜能力强。因直升机的速度远高于反潜舰艇和潜艇，又机动灵活，既可在短时间内搜索大面积海区，又可快速飞向潜艇游弋的海域，不失时机地对目标进行搜索、跟踪和攻击，以完成反潜任务。

（2）反潜隐蔽性好，利于突袭。现代潜艇配有性能先进的声呐系统，能探测到较远距离的反潜舰艇或潜艇发出的机械噪声。直升机反潜时将声呐探头放入水中，不易被敌方潜艇发现，且不会因自身的噪声干扰探测效果；特别是使用被动探测器材时，更不易被潜艇发现。这样既能提高探测潜艇位置的准确性，又能在潜艇上空实施突然攻击。

（3）可使用多种探测设备，搜索效果好。直升机可在搜索区使用声学和非声学多种探测设备，如吊放声呐、声呐游标、磁异探测仪、红外探测仪等，实施对潜艇的搜索。尤其使用吊放声呐时，可将声呐放入温跃层（该层没有固有噪声干扰）以下，增大了声呐的作用距离，可有效地发挥声呐性能，从而提高发现目标的概率。

（4）反潜作战效果好。由于直升机能使用多种攻潜武器，且又能隐蔽接近目标实施突然攻击，无论是投放反潜鱼雷，还是投放深水炸弹，其散布面小，命中精度高。

（5）生存率高。现代潜艇所携带的反潜导弹、鱼雷或巡航导弹，只能打击水面舰艇和岸上目标，一般尚无有效的对空武器，对反潜直升机尚不能构成威胁。

（6）作战半径较大。舰载反潜直升机可借助载舰的续航力，随载舰到远方海域担负反潜任务，从而有效地增加了反潜作战半径。舰载反潜直升机同时具有搜潜和反潜能力，既可单独完成反潜任务，也可与载舰协同进行反潜。

当然，直升机反潜也存在局限性。例如，舰载反潜直升机受气象和海情的制约较大，一般 5 级以上海情就较难执行任务；探测设备的作用距离较近；易受来自空中的袭击等。尽管存在这些不足，但由于直升机反潜的上述特点，所以在各海军大国的反潜武器系统中，直升机仍占有重要位置，担负反潜作战的重任。

SH-60B 直升机投射反潜鱼雷

SH-3 "海王" 反潜直升机进行编队飞行

→ 预警机在隐形战斗机时代会不会被淘汰

近年来，随着各种技术的出现，战斗机也按照用途分出了各式种类。隐形战斗机的出现对空战产生了跨时代的影响，其凭借优秀的隐形性和航电系统，在战场上拥有了单向透明的优势，说其在空战中可以处于碾轧位置，一点儿都不过分。自隐形战斗机出现后，其他各类战斗机的生存空间被压缩得更小了，尤其是预警机。

要注意的是，预警机的本职工作并不只是在空中探测敌机这么简单，它是集指挥系统、情报系统、武器系统为一身的空中指挥所。预警机自 20 世纪 70 年代装备强国空军以来，还从来没有在任何战争中被对手击落过，这至少能说明三个问题：一是空中作战力量强弱对比很不均衡，弱势一方很难对预警机构成实质性的威胁；二是预警机本身的防御功能十分强大；三是预警机对常规战斗机的探测距离很远，可以及时规避战斗机的威胁。

尽管隐形战斗机的问世让预警机面临的威胁迅速增大，在排兵布阵时预警机将被迫远离战场，而且还要分配更多的掩护兵力，但并不代表预警机就会因此被淘汰。

首先，信息是空中作战的先决条件，隐形战斗机获得局部信息的能力很强，但要获得全局信息还要靠平台外的信息节点，因此预警机对隐形飞机作战依然十分重要。

其次，预警机自身也在转型，改进雷达提高对隐形目标的探测能力，加装光电系统增加新的探测手段；加装新型传感器的无人机也可以作为预警机，在高威胁环境下使用；先进的隐形战斗机作为体系的信息节点，可以发挥战术预警机的作用。预警机已不再是传统的"预警机"，而是由预警机、无人机、隐形战斗机和航天系统构成的新预警体系。

最后，隐形战斗机会承担起预警机防护的任务，增强预警机应对隐形威胁的能力，预警机的威胁规避机制也会更加完善。

E-2 "鹰眼" 空中预警机侧方视角

E-3 "望楼" 空中预警机上方视角

→ 舰载机和陆基飞机有哪些区别

在海权时代，航母是夺取制海权的关键战略武器，而夺得制海权的前提是夺取制空权，舰载机就是夺取制空权的最佳利器。舰载机是在航母上起降的，而陆基飞机是在固定的陆基机场上起降的。由于航空母舰是一个尺寸有限的海上浮动平台，这就使得在该平台上起降并存放的舰载机具有一些与陆基飞机不同的特殊设计要求和使用维护特点。两者的主要区别有四点。

一是起降性能不同。舰载机的起降性能更为优良。航空母舰在海上航行，受到海洋气象条件和风浪的影响，航母会发生摇晃，加之甲板飞行区域面积有限，使得舰载机起飞和降落的难度很大。因此，这就要求舰载机具有重心低、抗倾倒能力强等特点，必须具有比陆基飞机更好的起降性能、较低的降落速度以及良好的低速操纵性。

二是起降方式不同。受航空母舰起飞甲板长度的制约，舰载机通常借助弹射器起飞。起飞时，舰载机上的挂钩与弹射器相连，在自身发动机推力和弹射力共同作用下，滑跑几十米后舰载机便脱钩飞离甲板升空。降落时，舰载机借助自身的拦阻钩和航空母舰上的拦阻索，只需要滑跑很短的距离就能强行停止。因此，这就要求舰载机具有坚固的机体结构和减震性能优良的起落架，确保能承受得住弹射起飞的加速度和降落时的冲击负荷。

三是舰载机具有折叠结构。当然，这是对于大多数舰载机而言的。多数舰载机的机翼可在停放时向上折叠，有的机头和垂直尾翼还可折转。设计折叠结构主要是为了缩小舰载机体积，

法国"阵风 M"舰载机

以便在有限的空间内能放置和存放更多的舰载机。另外，舰载机的机体上有系留装置，可将飞机系留在舰上，以防止舰船剧烈摇摆时飞机翻倒。这也是陆基飞机没有的。

四是舰载机抗腐蚀能力相对陆基飞机更强。由于航母长期在海上，高海况、低温、强风、腐蚀性盐雾以及海水的侵蚀，给舰载机带来了诸多挑战。在这种环境下，以常用的镁、铍等材料来制造舰载机并不合适，必须选用综合性能良好的材料，尤其对疲劳强度和断裂韧性要求高。舰载机的结构材料和功能材料必须有良好的"三防"性能：防盐雾、防潮湿、防霉菌。与此同时，还应采用先进的表面防护技术对舰载机进行表面防护处理，并采用密封等措施来隔离环境的腐蚀作用。

美国 S-3 "维京" 反潜机

此外，舰载机的研制费用和售价均高于多数同类陆基飞机。而且有的舰载机技术复杂，还要求由高等级的飞行员驾驶。

美国 SH-3 "海王" 直升机

倾转旋翼机与传统飞行器相比有何优势

倾转旋翼机是一种将固定翼飞机和直升机融为一体的新型飞行器，有人形象地称其为空中"混血儿"。它既具有普通直升机垂直起降和空中悬停的能力，又具有涡轮螺旋桨飞机的高速巡航飞行的能力。

与直升机相比，倾转旋翼机航程远、航速高。在特种作战中，一般都是以直升机作为运载工具，就以美国著名的 CH-46D "海骑士"直升机为例，其最大巡航速度为 268 千米 / 时，航程仅为 366 千米，如此短的航程和过慢的航速已不能满足特种行动的需要。而"鱼鹰"倾转旋翼机在满载、垂直起降的情况下，航程超过 2200 千米，在满载、短距起降条件下，甚至能达到 3000 千米的航程。据称，一架"鱼鹰"倾转旋翼机从夏威夷起飞后，通过各个美军基地的转场飞行，即可到达世界上大部分地区。这样的高航程，使行动部队深入偏远地区实施作战任务成为现实。倾转旋翼机凭借其高速性，能使行动部队以较快速度通过危险地区。而且，它还有能力在一个夜间就把作战人员输送到数百千米以外的行动地点，在完成任务后又可以迅速返航。

虽然倾转旋翼机具有将直升机和固定翼飞机二者优点集于一身的优势和特点，但它既不能完全替代传统的直升机，也不能替代固定翼飞机，而是一种填补直升机和固定翼飞机之间性能和应用空白的机型。与武装直升机相比，受构型特点和设计重量的限制，倾转旋翼机在以直升机方式飞行时，其机动能力远低于直升机，这主要是受到旋翼系统过载能力的限制。以"鱼鹰"倾转旋翼机为例，旋翼系统过载能力仅为 1.4，远小于直升机的 3.5，因此也就不具有武装直升机需要的机动能力，所

CH-46D "海骑士"直升机在海上执行任务

以到目前为止，美国还没有发展武装型倾转旋翼机的意向。所以说，倾转旋翼机不能完全替代传统直升机。

另外，倾转旋翼机虽然在运营经济性上比直升机有优势，耗油量比较低，但是在复杂地形环境区域从事吊运、架线、紧急医疗救护等飞行作业时，由于传统直升机具有比倾转旋翼机更优的空中悬停性能，尽管运营成本比倾转旋翼机高，却仍能在发挥社会效益的同时，取得很好的成本效益。而倾转旋翼机目前在这些特殊的应用领域还难以发挥像直升机一样的作用。这主要是因为它在设计上兼顾了前飞性能和垂直起降性能要求后，空中悬停无法达到直升机那样灵活自如。

海上飞行的 V-22 "鱼鹰" 倾转旋翼机

→ 如何理解 "军用运输机并不是预警机的最佳载体"

军用运输机确实不是预警机的最佳载体，而民用运输机才是预警机的最佳载体。主要有以下几个方面的原因。

预警机需要大型平台

预警机有几个重要的技术指标：具有一定体积，以便容纳足够数量的指控平台设备、电子设备以及控制人员；具有足够的留空时间，不然会造成预警时间和方向有缺位，为了弥补缺位而增加成本；具有一定的舒适性，提高控制人员的持续作战能力。这样的需求，就使得只有运输机这种大型平台才能满足预警机的各项性能指标要求。

军用运输机的限制

军用运输机，因对起降场地要求较高，对快速装卸货物有要求，所以一般都会针对这些特定要求进行针对性设计，如"T"形尾翼及尾部大开门，上单翼及翼吊式发动机布局，等等。这些对预警机来说就毫无必要，徒然增加使用成本。

民用运输机的优势

民用运输机，其大尺寸增压座舱，长续航时间，低廉的使用及维修成本，都是预警机最需要的性能。这自然使它成了预警机的最佳载体。

实际中使用的载体

欧美大部分的预警机平台都是从民用运输机改进而来的。目前美军性能最先进、使用最广泛的 E-3 预警机是在军民两用平台波音 707 上改进而来的，自波音 737 民用运输机发展而来的 E-7 已经装备澳大利亚和土耳其空军，自波音 767 平台发展的 E-767 已经装备日本防空自卫队。

波音 707 民航客机

随着电子设备的体积和重量迅速减小，数据链性能越发强大，预警机的工作模式也面临变更。载机的体积和续航时间都有减小趋势，而无人平台的崛起也对预警机构成挑战。未来的预警机会发展成什么样子，现在还是个未知数。

高空飞行的 E-3 预警机

核动力飞机技术积累成熟，为何至今未列装部队

当今已有舰船和航天装备采用核反应堆作为主要动力来源。而航空工业却在绝大多数情况下仍然使用化学燃料。根据目前现役机型测算，为了使航空器获得较长的滞空时间，燃料占航空器总重量已经超过30%，极大限制了航空器应有的性能水平的发挥。

与传统化石燃料相比，核动力装置不仅拥有理论上几乎无限的续航能力，而且工作时不需要氧气参与，因此不会受到气压制约，为研制地球内全域到达的航空器提供了原理支撑。也正是基于核动力不需要氧气的原理，核动力飞行器可以在任何有大气的环境中工作。

核动力飞行器虽然至今仍未被采用，但理论技术积累却十分成熟。早在 20 世纪 40 年代，航空技术领先的国家就已经开始了在航空领域采用核动力的可行性研究。1942 年，美国曼哈顿计划当中，美国空军提出了研制拥有几乎无限续航能力的轰炸机与运输机，即"核能飞机发动机计划"。由于当时无法全面掌握核反应堆的工作状态，再加上科研管理方式的落后，因此这项计划在 1961 年被终止。同时期，主要技术强国争先开展核聚变受控研究，苏联曾尝试过使用小型核反应堆推进 4 台涡桨发动机的设计方案，虽然飞机试飞成功，但由于防辐射屏蔽层的体积过大，项目最终取消。因此 21 世纪前，如何提升设计的紧凑性、降低核动力防辐射屏蔽装置的质量与尺寸，成为核动力飞行器研究的主要方向。

进入 21 世纪后，为了将核聚变反应堆尽快推广使用，核反应堆的约束技术主要分为两个研究方向，即磁约束和惯性约束。

磁约束聚变也被叫作持续性聚变，是将核燃料变成数百万度的高温等离子浆，并用特殊形态强磁场，将等离子体约束在有限空间引发核聚变，释放巨大能量，用于发电或动力推进。目前世界上最先进的磁约束技术还停留在台架试验阶段，仅为验证原理的可行性，还没有进入工程设计阶段。

惯性约束聚变又被称作脉冲性聚变，是利用激光或者粒子束来照射并压缩含氢的同位素氘氚混合材料的靶丸，生成比磁约束聚变时密度要

高 1 万亿倍的离子浆,从而产生聚变。这种反应时间非常快,无须强磁场束缚。但目前这项技术只能在面积约为 2 个足球场大小的实验室内进行原理论证,远没有到工程样机阶段。

随着受控核聚变技术的发展,洛克希德·马丁公司所属的臭鼬工厂已经开始进行紧凑型聚变反应堆的设计工作,采用磁约束聚变原理,并采用新型磁场设计,尺寸为直径 2 米、高 4 米的圆柱体,电功率 100 兆瓦,可为 8 万户家庭提供生活用电。洛克希德·马丁公司能够实现小型化的关键在于在反应堆内部采用了独特的内置特定形状磁场管状设计,避开了传统核聚变反应堆设计中只能容纳有限数量的等离子体的问题。

美国 NB-36H 核动力飞机

目前,世界上发展航空器核动力小型化的技术还有几个不同分支,综合来看,小型核聚变装置离实用还有较大距离,特别是在等离子体靶形成、传输与点火等关键技术上还有待突破。

苏联图 -95LAL 核动力飞机

→ 军用无人机有哪些类型

目前从事研究和生产无人机的有美国、俄罗斯、以色列、英国和南非等近 30 个国家,无人机的型号已经增加到 200 种以上。这场世界范围内的无人机研制热潮,将无人机的发展推向了新阶段。无人机的种类繁多,用途广泛,有的无人机还具有多种用途。目前,军用无人机的类型主要有以下这些。

无人侦察机

进行战略、战役和战术侦察，监视战场，为部队的作战行动提供情报。

无人诱饵机

诱使敌雷达等电子侦察设备开机，获取有关信息；模拟显示假目标，引诱敌防空兵器射击，吸引敌火力，掩护己方机群突防。

无人电子对抗机

对敌方飞机、指挥通信系统、地面雷达和各种电子设备实施侦察与干扰。

无人攻击机

攻击、拦截地面和空中目标。无人攻击机携带有小型和大威力的精确制导武器、激光武器或反辐射导弹，对敌雷达、通信指挥设备、坦克等重要目标实施攻击，以及拦截处于助推段的战术导弹。

MQ-4C "海神" 无人侦察机在海上飞行

无人战斗机

美军认为，无人战斗机是下一代战斗机的发展方向。正在大力研制的无人战斗机计划在2020—2025年投入作战使用，无人战斗机的速度将达到12～15马赫，既可用于对地攻击，又可用于空战，还可用于反战术导弹。

"扫描鹰" 无人侦察机及发射装置

其他用途的无人机

无人机还可以用于目标鉴别、激光照射、远程数据传递的空中中继站、反潜、炮火校正和远方高空大气的测量，以及对化学、细菌污染和核辐射的侦察等。

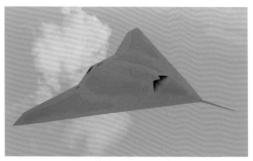

"幻影鳐"无人战斗机正在飞行

军用无人机未来将如何发展

尽管近些年民用无人机进步神速，但总体上，军用无人机的销售霸主地位无可撼动。技术进步和军方采购是军用无人机热销的推手。近年来，机器学习、人工智能、协同导航等技术普及，促进了军用无人机向智能化、多功能化衍进。

首先，由于当前的无人机自动化、智能化程度还不高，军用无人机在完成包括飞行、作战在内的很多任务时还需要若干名地面操作人员远程操控，所以军用无人机的一大发展方向就是提高自动化、智能化的程度。通过在感知技术、控制技术、战术算法等方面的突破，无人机可以自行判断情况、完成任务，最终减少地面操作人员，甚至取消地面操作人员。

其次，无人机的发展还要更加充分地发挥自身的"无人"优势。因为"无人"，所以无人机续航能力的发展上限将远远高于有人机，无人机完成任务的环境也可以比有人机更加恶劣。未来，无人机如果能够很好地解决动力问题，那么无人机的巡航速度将远远超过有人机。而且如果能够实现太阳能的高效转化，那么无人机就可以24小时不停飞，甚至突破大气层，进入太空，成为航天无人机。美军现如今研发的SR-72高超音速高空侦察机就基于这一发展理念。

无人机还可以向有人机的僚机发展。美国推出的"女武神"无人机以及俄罗斯推出的"雷鸣"无人机就是专门搭配战斗机使用的忠诚僚机。

美军的高级研究计划局（DARPA）还努力将分享实时态势感知和武器数据的技术应用到无人攻击机上，使之能在激烈对抗中更精准、及时地遂行近距空中支援。

无人机向僚机方向发展有两点好处。一是控制更加方便。如果通过地面人员远距离控制无人机，很可能出现因为地面人员不能有效全面地掌握无人机所处环境，导致给无人机下达错误的指令。但是如果无人机仅仅是作为战斗机同进同出的僚机，那么战斗机所下的指令将更加贴合实际。二是程序更加简单。战斗机在任意作战状态下，僚机的最优配合状态都是唯一的。这样编写算法将更加方便。

最后，无人机的发展方向还应当包括更好地适应蜂群作战。当前，无人机因为自动化、智能化程度不高，所以单体的作战效能有限。为了提升无人机的作战效能，技术领先的各个国家都致力于无人机蜂群作战的研究，希望通过一条通信渠道控制多架无人机，以数量来弥补单体作战效能的不足。在未来智能化战争中，无人机蜂群也应当有一定的发展价值，毕竟无人机的"无人"特性，注定了它的可牺牲性。

飞行中的 RQ-4 "全球鹰" 无人机

MQ-9 "收割者" 无人机内部特写

→ 无人机如何突破阻挠飞赴战场

在现代战争中，无人机已经不可或缺，但是相应地，各种反无人机手段也应运而生，像小型防空导弹、激光、电磁枪等，这些都给战场上无人机的生存带来了巨大挑战。而有一种方法可以让无人机突破层层阻挠，那就是用炮打出去。

由于电子技术的发展，现代侦察设备已经能够控制在足够小的体积和重量，使其能装入炮管。同时，现代大口径火炮射程已经达到 40 多千米，大口径火箭炮的射程也可达 100~200 千米，已可以满足一般无人机的任务半径需求。再加上大口径远程火箭弹的发射是一个较长时间的匀加速过程，对微型无人机的光电设备、发动机以及驱动伺服机构等精密设备的抗过载要求不高，于是炮射无人机就应运而生了。炮射无人机是无人机技术与传统弹药技术相结合的产物，具体来说就是以炮弹或大口径火箭弹作为运载工具，将无人机"折叠"在炮弹中，发射到预定目标区域上空执行相应任务。

炮射无人机的最大特点，就是突防能力和生存能力强。现代战争双方对于天空可谓层层设防，不管是固定翼飞机、直升机乃至巡航导弹、弹道导弹，都有针锋相对的防御拦截措施，唯独对炮弹和火箭弹现在还留有一定的"缺口"。炮射无人机乘着炮弹或者火箭弹跨越战场上空，不但飞行速度快、目标特征小，而且发射成本低，可同时齐射。因此，炮射无人机可快速突破敌方防线到达所需位置和飞行高度，在突防能力上远强于固定翼无人机和无人直升机。

另外，炮射无人机借助了炮弹的速度和飞行高度，对自身的航程航时要求降低，同时大都一次性使用无须考虑回收，所以可大幅节省无人机出航时所需的燃料和航时，无人机自身只需携带少量的燃料完全用于执行任务。

鉴于以上优点，各国目前都在开发自己的炮射无人机。

MQ-8 "火力侦察兵" 无人机在夜间开火	俄罗斯 Dozor-100 无人机内部

无人预警机会替代有人预警机吗

在各国空军阵中，预警机绝对是战时不容有失、地位重要的信息节点，因为数量稀少，是昂贵的高价值武器。随着未来航空业和电子业的飞速发展，具备预警、指挥、通信、侦察等多功能的大型无人预警机将取代有人预警机，成为未来预警机的发展方向。

在现代，预警机的作用早已家喻户晓，作为信息化战争的空中指挥所，预警机是现代战争中取得制空权不可缺少的装备。然而，有人预警机受其自身航时及机载人员生理等多方面条件约束，预警能力有限。但无人预警机可以不用考虑人员的疲劳度从而实现长时间巡逻，更不用担心被击落而造成的人员伤亡。尤其是高空长航时无人机，通常飞行高度在 18000 米以上，续航时间大于 24 小时，由于其具有反应迅速、覆盖范围广等优点，所以是侦察卫星、高空飞艇等侦察平台的重要补充。

由于预警机的核心是传感器天线，所以研究天线与机体共形，充分发挥雷达系统的探测效能，消除现役预警机上的探测盲区，在预警机设计时至关重要。而无人预警机不用给机组人员留出相应的空间，因此可以做得非常紧凑。

无人预警机虽在探测距离上不如有人预警机，但在海上使用却独具优势。无人预警机是海军预警机向小型化、无人化、便携化、专业化、信息化、智能化发展的重要方向。无人预警机有常规形式的，也有非常规形式的。非常规形式的无人预警机有采用直升机型、浮空型、涵道型等，其中又以直升机型和浮空型为主。无人预警机主要解决在舰艇上安全起飞和降落的难题。

无人预警机对于起降条件要求不高，具备在航母上服役的潜力，可以作为大型水面编队补充空中预警手段来运用，通过与其他预警手段配合，为航母编队提供更多的安全保障。而且无人预警机能够部署在较小的水面舰艇上面，作为主要空中警戒手段为小型水面编队提供更加全面的空情信息。

卡 -31 有人预警直升机正在着舰

再加上无人预警机价格相对低廉，经济适用，不但可以多架部署以数量抵质量，在国际市场上也能够满足一些经济实力不高的客户的要求。预警机技术复杂，自我研制难度大，即使外购现代大型预警机单价都在数亿美元，许多中小国家的空军无力负担，对于那些无力研制和采购大型预警机的国家的空军来说，无人预警机则是不错的替代方案。

飞行中的 P-3AEW&C 有人预警机

水上飞机在水面上是如何起降的

1910 年 3 月 28 日，法国人法布尔成功试飞了第一架水上飞机。1910 年以后，人们开始让巡洋舰携带水上飞机，用于警戒侦察或炮火修正。水上飞机首次用于作战行动可追溯到第一次世界大战期间。1914 年 8 月 22 日，德国的一架侦察机对协约国海岸进行军事侦察。协约国发现后，立即起飞了一架装备有机枪的水上飞机。德国侦察机迅速爬升到 1500 米的高度，由于这架水上飞机的升限只有 1000 米左右，所以无果而终。但这次行动开了水上飞机作战的先例。

作为一种可从水面起飞、降落的海军飞机，水上飞机的独特之处在于机身庞大的像船体或起落架变成了浮筒，这使它可以浮在水面上不会下沉。起飞时，机上螺旋桨发动机产生的推力，就会拖着机身以相当快的速度在水面上滑跑。随着速度的不断加快，机翼上产生的升力慢慢克服了飞机自身的重力，从而把飞机从水面上逐渐升起来，成为在空中飞行的"航船"。而在完成空中任务后，它自然也要重返水面，又成为一只可以在水上滑跑的"航船"。根据这一特点，人们又把它称为水上飞船或水上巡洋舰。

水上飞机最早的轰炸行动也出现在一战时期。1915 年 3 月 15 日，俄国为了袭击土耳其，使用两艘巡洋舰运载 6 架水上飞机。当进入一定海域时，它们随即起飞对土耳其炮台和岸防工事进行狂轰滥炸，并取得了重大战果，从而开了水上飞机轰炸的先例。此后，水上飞机经常用于侦察、运输、轰炸等军事任务，成为海空战中的一支新生力量。

F2Y "海标" 水上战斗机从水上起飞

二战时期的 Ar 196 水上侦察机

→ 隐形无人机的隐形技术有哪些

隐形技术在军事上的巨大潜力，受到世界各军事强国的高度重视，隐形技术已成为各国军队竞相用于高科技武器装备上的重要技术。在现代高科技战争中，无人机数量越来越多，成为不可或缺的武器装备。但从近几年的几场局部战争来看，无人机也暴露出易被发现，进而被摧毁等致命的缺点。因此，新一代多用途、隐形无人机的研制，已成为世界各国空军新的研究和发展重点。现代隐形技术和无人机技术结合而形成的新型隐形无人机，在隐形性能、生存能力、作战主动权方面正在不断改进。隐形无人机的主要隐形技术包括以下几点。

反雷达探测技术

隐形技术的一项最主要工作是提高反雷达探测的能力，也就是提高目标在雷达探测下的隐形性能，通常用目标的雷达散射截面积 (RCS) 来度量。RCS 是方位角、散射体形状、雷达波的频率、发射和接收天线极化特性的函数。雷达散射截面积的大小，反映了目标散射电磁波能量的强弱，目标的 RCS 值越小，雷达就越不易探测到。

外形隐形技术

电磁波的散射与目标的几何形状密切相关。应合理控制无人机的整个外形，避免表面采用较大的平面和凸状弯曲面，用小平板外形代替曲面外形，用多方向的镜面反射和边缘衍射代替小角度的能量集中的大镜面反射，以抑制镜面强反射。因此，隐形无人机在外形上采用了机翼、机身、尾翼和短舱连接处光滑过渡，机翼与机身高度融合的构型。机翼、机翼上的垂直安定面、水平尾翼、机翼下挂架、翼身连接处等，会形成强烈的角反射器效应的部位，在无人机上常采用内倾的双垂尾或无垂尾、翼端（或翼下）安定面、机身侧边等构型。

材料隐形技术

雷达隐形材料是一种应用最广的隐形材料，其作用是减少目标雷达散射截面。复合材料是由一些非金属材料和绝缘材料组成的，其导电率要比金属材料低得多。因此，当雷达发射的电磁波碰到复合材料时，难以感应生成电磁流和建立起电磁场，所以向雷达二次辐射能量少。无人机的外形尺寸比有人飞机小，因此，部分或大部分使用复合材料比有人飞机要容易实现。

红外隐形技术

无人机隐形技术的另一项重要工作是提高反红外探测的能力，也就是减少目标的红外信号特征。发动机的尾喷管或排气口是红外探测器的主要红源。因此，减少无人机的红外信号特征，主要是要减少发动机尾喷管或排气口的红外辐射。

现代隐形无人机的技术发展是随着隐形技术及无人机技术的发展而不断发展的。现代反隐形技术及防空系统的日益完善也促使隐形无人机的隐形技术不断更新。

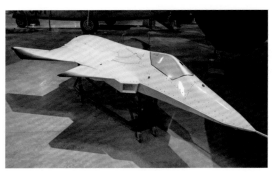

X-36 技术验证无人机

Tier 3 "暗星" 隐形无人机

→ 无人机是怎么起飞的

无人机和有人机的起飞方式有着很大不同。有人驾驶的固定翼飞机几乎都是通过在跑道上长距离滑跑获得足够的升力后才能起飞；而无人机则不同，其发射方式众多，不同尺寸的无人机有手抛、机载投放、车载发射、弹射、火箭助推等多种发射方式。

其中，最为普遍的是自力发射方式。自力发射是指无人机起飞时依靠发动机的推力或旋翼升力实现升空。自力发射在斜向上发射时常采用助推火箭提供升力；部分无人机在发动机推动下采用跑道滑跑起飞；垂直起飞时多利用旋翼或喷气发动机的升力，其原理和直升机一样。由于这种起飞方式不受场地面积与地理条件的限制，所以适用范围广，尤其在舰载无人机中广泛采用。对大型无人机来说，无论是其外形或者尺寸都和有人驾驶飞机相当，因此并不需要那些复杂的起飞方式，像有人驾驶飞机那样在机场跑道上滑跑起飞即可。

弹射起飞是无人机起飞的另一种重要途径。常用的无人机弹射方式有弹力弹射、气液压弹射、燃气弹射以及电磁弹射。弹力弹射是利用伸缩性很强的弹性元件（如橡皮筋、弹簧）提供动力，提供无人机起飞所需的加速度，适用于小型无人机，如以色列 Macro-V 和美国的 RQ-7 "影子"无人机。燃气弹射是指直接利用火药气体来发射无人机，通常借助现役火炮实现通用发射。这需要统筹考虑无人机抗过载性能，以及总体结构尺寸与武器的兼容性。其他一些弹射方式也只是发射架产生推力的原理有所不同，起飞形式则完全一样。

　　除此之外，还有一些不同寻常的发射方式。空中投放发射是无人机被其他飞行器运载到空中放飞。美国在 20 世纪 50 年代曾尝试这种发射方式。当时美国的瑞安航空曾研制了一种名为"火蜂"的无人机，这种无人机既可以利用火箭推进器发射，还可以挂载在运输机上，被运输机携带到高空以后脱离发射。利用飞机携带无人机投放发射能减小无人机飞行过程中发生故障和被拦截的可能性，延长无人机的结构疲劳寿命，但母机需要大型机场，且保障过程复杂，特别是陆、海军使用时需得到空军协同，独立作战能力不强。

RQ-7 "影子"无人机侧面视角

发射架上的"扫描鹰"无人机

→ 无人机可以从水下发射吗

随着新军事变革的迅猛发展，各种无人作战装备在局部战争中崭露头角，显示出巨大的发展潜力和广阔的应用前景。美国海军非常重视无人作战装备的发展，在舰载无人机、无人水面艇和无人潜航器等方面，均处于世界先进水平。美军从 20 世纪 90 年代率先开始研制潜射无人机，先后有"海上搜索者""海上哨兵""鸬鹚"3 种型号，使无人机成为潜艇装备中一种攻防兼备型重要武器，可进行预警侦察、通信导航、战场评估、对敌打击等，大大提高了潜艇的作战能力。

美国的潜射无人机是通过名为"鲂鮄"的导弹发射装置发射的。潜艇在水下执行任务时，可将"鲂鮄"导弹发射装置用鱼雷发射管发射至水面呈立起或倾斜状态，作为海上柱形浮标以待命，当指挥官进一步下达指令后，"鲂鮄"导弹发射装置再将导弹发射出去。美国"战斧"巡航导弹、"鱼叉"反舰导弹都可采用此种方法用潜艇发射。如今，这一技术已被应用到无人机发射试验上。

潜射无人机的发射方式比较特殊，因此外形上采用了更容易装进发射装置的折叠型结构，无人机被折叠后，能装于潜艇弹道导弹的发射筒内。无人机从弹道导弹发射筒弹出，上浮到海面，然后点燃火箭助推器，达到一定速度后，涡轮风扇发动机启动，进入巡航飞行。

潜射无人机的出现，给未来潜艇作战增加了新的模式，也让原有的潜艇抵近侦察、反舰、防空、对陆攻击等作战模式发生了重大变化。潜艇目前最大的天敌是反潜机，潜射无人机的出现同时可为潜艇防空和反潜打开新的思路。根据需要，潜射无人机可以为潜艇提供空中警戒，在固定翼反潜机或反潜直升机来临前提供预警。另外，利用以空制潜的优势，也可以发展专门的潜射反潜无人机，这样在与敌方潜艇周旋的时候总能掌握敌方潜艇的最新动向。

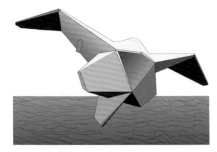

"鸬鹚"潜射无人机示意图

"鸬鹚"潜射无人机

→ 无人机能用于反潜吗

自潜艇问世以来，各国研究了多种方法反制它，相继用飞艇、飞机、反潜舰来对付这种难觅踪影的"水下幽灵"。但由于海洋面积大，搜索范围广，再加上反潜设备和人手缺乏，反潜方必须把力量集中在潜艇最有可能出现的路径和藏身之处。随着科技的进步，各国海军探测、追踪敌方潜艇方式正在发生改变。成本低、有人操作、长时间留空、搜索范围更广的无人机逐渐成为各军事大国反潜武器库中的重要装备。

2017年10月12日，美国海军进行的一次演习中，加装了英国傲创公司声呐浮标搜潜系统的MQ-9"死神"无人机成功演示了对水下目标进行长时间声呐搜潜的能力。在这次演习中，美国海军的直升机投射的声呐浮标将信号传输给空中的MQ-9无人机，该机随后将声呐浮标搜集到的信息传输给数百英里外的地面控制站。地面控制中心根据飞机传输的信号生成了搜索方案，并通过卫星上传到无人机。这一技术意味着MQ-9无人机可以获得灵活而可靠的长时间反潜巡逻能力。傲创公司还为该无人机研制了特制声呐浮标发射吊舱，这样可以让飞机在更大的海区内进行更快速的巡逻。

在这次演习中，MQ-9还展示了海上水面目标监控功能，使用"山猫"多模式雷达，在海上大范围搜索模式、逆向合成孔径模式下，执行了水面目标搜索辨认任务。这架无人机上，同时还安装有光电、红外观察系统和高分辨率全动态电视摄像机，可以用来分辨水面舰艇目标。

MQ-9"死神"无人机是一种大型中空长航时无人机，已经被广泛用来执行对陆上目标的搜索观察监控和打击任务，但用于执行海上巡逻任务，这还是首次。不过，使用长航时无人机执行对海监视任务有很多好处，尤其是对于搜索常规潜艇来说，可以大大扩大海上巡逻的范围，实现对大面积海域的不间断监控。如果在大面积海域部署多架无人机，在没有海、空兵力驱逐或击落这些无人机的前提下，常规潜艇几乎无法在无人机监控区内安全活动。

MQ-9A"死神"无人机底部特写

海上飞行的MQ-9B"海上卫士"无人机

高空飞行的MQ-9B"海上卫士"无人机

如何反制无人机

随着无人机技术的蓬勃发展以及数量的急剧增加，其已成为当今战场上严重的非传统空中威胁。无人机在执行飞行任务的过程中，必须由地面人员发出遥控指令加以控制，使之做出各种动作。这些都是通过遥控系统来实现的，遥控系统是无人机的大脑和决策部分。遥控系统由操控器、控制电路、无线数传电台和遥控接收机组成。其中，操控器要负责完成遥控编码信号的生成，测距基准信号的生成；控制电路接收操控器输出的指令代码并加以判断；无线数传电台主要负责指令编码信号的调频和高频功率放大，经过发射天线将编码信号向无人机进行发送；接收机通过接收天线接收地面遥控发射机发送的射频信号，通过一系列的放大、混频、检波操作后进行调制解调，生成控制芯片能够识别的数字信号，实现对无人机的操控。

目前，反制无人机的手段很多，共分为主动和被动两大类反制措施。主动反制措施主要是使用动能武器击落目标；向无人机发射内置捕获网的特制"导弹"，当"导弹"飞近无人机时抛出捕获网，完整地"抓获"无人机并迫其降落。

被动反制措施主要是使用电子战器材对无人机的导航、通信和控制链路实施干扰和压制。除打击无人机本身外，其他反制措施也在研究中，如有效破击无人机系统背后的"杀手链路"，即打击敌方无人机投放平台、操控设备，以及干扰、压制其指挥控制链路等。例如，2011年RQ-170无人侦察机事件，该无人机被伊朗用某种方式接管后降落于境内俘虏，7年后才透露消息，是俄罗斯的反无人机技术支援伊朗完成此次行动的。

此外，美军还开展了高能微波反无人机技术、高能激光反无人机技术的研究，并取得了重大进展。同时，美陆军还从装备层面对反无人机作战进行了周密部署。例如，为部署在中东地区的部队配备反无人机电磁脉冲枪；对即将部署到中东地区的部队进行反无人机训练等。美军还认为，反无人机虽不存在完美方案，但通过现有装备、技术和战术创新也能有效应对无人机带来的威胁。

飞行中的 RQ-170 无人侦察机

"幻影鳐"无人机在高空飞行

第2章
机体构造篇

　　军用飞机机体由机身、机翼和尾翼组成。有的飞机机身内设有炮塔和炸弹舱。为保证向喷气式发动机提供足够的空气，提高进气效率，在机体或发动机舱前面装有专门的进气口和进气道。机体主要用铝合金制成，主要受力部件采用合金钢或钛合金，碳素纤维复合材料等非金属材料的应用也日益增多。

→ 概　述

　　飞机结构是指由多个零构件组成的装配体，它能够承受和传递一定范围之内的外载荷，且能满足一定强度、刚度、使用寿命和可靠性等要求。我们通常所说的飞机结构是指飞机的机体结构部分。一般认为，固定翼飞机的机体结构由机身、机翼、尾翼、发动机吊舱等其他系统的受力结构组成。

　　飞行中主要的载荷是机身内各装载物的惯性力和机翼、尾翼接头传来的力。从结构上看，机身好像一根中部支持在机翼上的悬臂梁，在装载物惯性力和尾翼集中力作用下两端向下弯曲。在垂直尾翼侧力作用下，机身在水平方向也产生弯曲，但比垂直方向小得多。垂直尾翼侧力对后机身有较大的扭转作用。飞机在地面滑行和着陆时，地面的撞击也会使机身受载，如前轮受到侧向撞击就会使前机身受扭。

　　机翼是飞机的一个重要部件。其主要功用是提供升力，与尾翼一起保证飞机具有良好的稳定性。当它具有上反角时，可为飞机提供一些横向稳定性。在它的后缘，一般布置有横向操纵用的副翼、扰流板等装置。为了改善机翼的空气动力效应，在机翼的前、后越来越多地装有各种形式的襟翼、缝翼等增升装置，以提升飞机的起飞、着陆或机动性能。机翼上安装有起落架、发动机等其他部件。近代战斗机和攻击机往往在机翼下布置多种外挂，如副油箱和导弹、炸弹等军械设备。机翼的内部空间常用来收藏起落架，放置一些小型设备、附件和储存燃油。特别是客机，为了保证旅客安全，很多飞机不在机身内储存燃油，而把燃油全部储存在机翼内。放置燃油的油箱有整体油箱和软体油箱两种，为了减轻重置，近代飞机机翼油箱很多为整体油箱。

　　尾翼是安装在飞机尾部的一种装置，可以增强飞行的稳定性。大多数尾翼包括水平尾翼和垂直尾翼，也有少数采用"V型"尾翼。尾翼可以用来控制飞机的俯仰、偏航和倾斜以改变其飞行姿态。尾翼是飞行控制系统的重要组成部分。

　　吊舱是指安装有某机载设备或武器，并吊挂在机身或机翼下的流线型短舱段。加装吊舱可以使飞机拥有其本身所不具备的功能，加装吊舱通常需要机载电子设备的支持和考虑飞机的整体空气动力。

F-35 "闪电 II" 战斗机正面视角

"光辉"战斗机后侧方视角

"阵风"战斗机机头特写

AS-532 "美洲狮" 直升机前侧方视角

→ 为何很多战斗机机头部位都有一根尖尖的杆子

战斗机的机头前常常可以看到一根前伸的杆子，这根杆子并不是机上电台的天线，更不是机上航炮之类的武器。这根杆子的专业名称是全静压管，也称空速管。

飞机在空中飞行时，飞行员必须清醒地知道飞机飞行的速度和高度，在做跃升、空翻和俯冲等垂直机动时，还需要知道飞机的升降速度，这些数据（如起飞速度、着陆速度、相对高度）不仅对保证飞行安全来说十分重要，对战术运用来说也是非常关键的。问题在于飞行员如何才能知道飞机的速度和高度呢？这项任务就由飞机上的全静压管来完成。

全静压管负责收集飞机在飞行中的全压和静压。"全压"是飞机正对气流的表面在气流运动受阻时所产生的气动压力。全静压管的前端有开口，当飞机高速飞行时，气流从前端开口进入管中，气流受阻后，便产生压力。由空气动力学原理可知，气动压力与飞行速度的平方以及空气密度成正比，因此，测量所得的全压经开平方就可换算成飞机的飞行速度。

"静压"不受气流流速影响，也就是垂直于气流运动方向的压力，全静压管的侧方有静压孔，该孔垂直于气流方向，所以采集到的就是飞机所在高度的大气压，将这一数值与海平面标准大气压进行比较，并根据气压随高度的变化规律，就可换算出飞机相对于海平面的高度（简称海高）。

飞行员通过调整高度表的气压值，可以选择高度基准，使高度表显示海高或相对高。战斗机在某个机场起降前，飞行员需将气压调整至机场所在高度的气压，此时的飞行高度为相对于机场的高度。当航线飞行时，飞行员将高度表气压值调整至标准大气压，高度表便显示海高。航线飞行的所有飞机都用同一高度基准，就不会出现相互间高度的冲突，便于高度调配和保证安全。

装有全静压管的 T-50 战斗机

装有全静压管的米格 -31 战斗机

→ 俄罗斯战斗机的机头为何大都是向下倾斜的

俄罗斯的军事军力非常强大，其生产的战斗机在世界上也是处于数一数二的水平。俄式战斗机的机头向下倾斜已经是俄罗斯战斗机的一个象征性标志了。俄罗斯对于机头向下倾斜的设计理念可谓一种执念。这个执念来自在二战期间使用的战斗机没有很好的视野范围，俄罗斯聪明地吸取了先辈的经验。所以这样的机头设计也在战斗中提供了不少的便利。

其实俄罗斯之所以偏爱这种下垂的设计，并不只是一种属于他们国家的特色，更有其中的道理所在。战斗机与普通飞机的用途不一样，考虑到各种因素，很多国家的战斗机都采用这样的方式，只是没有俄式战斗机如此突出。俄罗斯战斗机机头向下倾斜的原因有以下三种。

第一，飞机在战斗过程中飞行员需要有更广的视野，机头向下，机舱里的座位就会高于机头，从而达到视野更开阔、看得更广的目的。所以机头这样设计是在扩大驾驶员的视野范围，也有利于观察敌方的动态变化。

T-50 战斗机机头特写

第二，战斗机在飞行时既有速度的要求，又要求飞机相对稳定平衡，所以机头设计向下也能减少空气阻力，这样飞机飞行时会相对快而稳。

苏 -47 "金雕" 战斗机侧方视角

第三，机头向下还给飞机空出来很多空间，将这些空间合理利用的装置雷达信息系统，会把大量信息反馈给指挥中心，战斗机在战斗过程中也能及时得到指挥。这是一架战斗机在战斗过程中十分关键的功能。

苏-37 "终结者" 战斗机前侧方视角

战斗机为何没有配备雨刮器

　　雨刮器是汽车、火车等地面载具的标准配置。在雨雾天气时，雨刮器能够刮走落在玻璃上的水珠，防止它们挡住驾驶员的视线。为了解决雨雾遮挡飞行员视线的问题，民航客机、直升机及运输机等低速飞机在研制时出于成本的考虑，一般会安装一组雨刮器。这是因为在低速下雨刮器并不会对飞行性能造成明显地影响，而且雨刮器十分便宜。民航客机前向的两块风挡玻璃面积较大且较为平直，安装雨刮器也比较容易实现。另外，在雨势较大时，民航客机会选择停飞。

　　按理来说，战斗机同样需要安装雨刮器，以免雨雾影响作战行动。然而，真实情况却是绝大多数战斗机没有安装雨刮器。究其原因，一是战斗机为了保证飞行员的全向视野而采用了气泡式座舱盖，或者考虑到气动阻力采用了外形流畅的座舱盖，无论是整体型还是隔框型，座舱盖大都呈圆弧状，很难安装雨刮器；二是战斗机的飞行速度很快，飞行时的空气阻力较大，这对安装雨刮器十分不利，雨刮器在高速飞行下会对战斗机的性能造成很恶劣的影响。

　　当然了，并不是所有的战斗机都没有雨刮器，英国的 "鹞" 式垂直起降战斗机就是个例外，该机座舱盖正前方专门隔出一小块区域安装雨刮器，这样一来破坏了飞行员的前向视野，可以说是得不偿失。

　　事实上，战斗机即便不安装雨刮器也能有效解决雨雾阻碍飞行员视野的问题。现代战斗机主要依靠喷涂除雨液、采用风挡玻璃厌水涂层、风挡玻璃电加热以及超声波除雨这4种方式来清除雨雾。

　　防雨液的主要成分是酒精，它不仅可以起到增大水的表面张力、加速雨滴滑落速度的作用，而且在除霜、除雾以及防冻方面都有广泛的用途，这种除雨措施主要见于苏联第二代战斗机。

　　厌水涂层是一种对雨水有着很强的排斥作用、不吸附雨水的化学涂层，这种涂层可以使得滴落在风挡玻璃表面的雨水以珠状从风挡玻璃表面快速滚落，而无法附着在风挡玻璃上影响飞行员的视线。

　　电加热除雨技术在很多汽车后风挡玻璃上就有，部分高档汽车前风挡玻璃也配备有这种除雨技术。战斗机前风挡玻璃电加热除雨技术和汽车电加热除雨技术类似，都是通过对风挡玻璃进行加热来实现除雨的。

F-35"闪电Ⅱ"战斗机的驾驶舱

　　目前，最先进的风挡玻璃除雨技术当属超声波除雨技术，这种技术通过在风挡玻璃下方安置一个高频超声波发生器来快速清除附着在风挡玻璃表面的雨水、尘埃等附着物。

F-22"猛禽"战斗机的驾驶舱

→ 战斗机轮胎为何需要充氮气或者氩气

战斗机在降落的时候，较大的机身重量和较快的飞行速度会对机身产生非常大的作用力，而轮胎不仅可以减轻机身受到的伤害，还能够对战斗机起到刹车作用。战斗机的轮胎是一种无内胎、双胎面轮胎。简单来说，战斗机轮胎的内部和外部都是一样的，不过这并不意味着战斗机轮胎就是实心轮胎，而是在实心的基础上在轮胎内部留下一层空洞，空洞里面充有气体。与一些汽车轮胎充空气不一样，战斗机轮胎充的是氮气或者氩气，普通战斗机轮胎充氮气，超音速战斗机轮胎则需充氩气。

之所以要对战斗机轮胎充氮气或者氩气，是因为空气在热胀冷缩的时候变化非常大，而战斗机轮胎对于机体是非常敏感的，稍有变化就会影响战斗机的平衡，而氮气或者氩气是一种惰性气体，不会因为温度过高或者过低而变化，也就是说不会因为热胀冷缩的变化而受到影响，所以它们非常适合用于战斗机的内胎充气。除了变化小的特点外，氮气或者氩气还可以提高战斗机轮胎的安全系数，因为空气含有氧气，物体受到氧气的影响就会发生氧化反应，时间久了物体就会受到损害，而氮气或者氩气可以保护战斗机轮胎不会发生氧化反应，因为这两种气体不含有氧气。

一般来说，战斗机或者普通轻型飞机的轮胎里面只有一层空洞，而如果是大型飞机，比如轰炸机、运输机、加油机等，这些飞机的轮胎则有多层空洞。也就是说，大轮胎里面装有一个缩小的中等轮胎，然后中等轮胎里面还有一个小型轮胎，大轮胎与中等轮胎、中等轮胎与小型轮胎之间都会填充氮气或者氩气。这样做的目的就是让轰炸机、运输机和加油机等大型飞机在降落的时候不会像战斗机那样左右摇摆，提高降落时的安全性。

战斗机轮胎非常方便维护、保养和拆装，在需要飞行的时候直接向轮胎内充气就可以了。由于战斗机轮胎是由特种材料制成的，价格非常昂贵，所以出现磨损后不会直接报废，一般都会回收到工厂进行特殊处理，然后再对磨损的部分进行翻修，经检验合格后再次投入使用。

苏 -35 战斗机侧下方视角

幻影 2000 战斗机侧前方视角

→ 战斗机的弹射座椅能在超音速条件下弹射吗

弹射座椅是飞行员用的座椅，在飞机遇难时依靠座椅下的动力装置将飞行员弹射出机舱，然后张开降落伞使飞行员安全降落的座椅型救生装置。由于现代战斗机多数可以进入 1 马赫以上的速度，所以弹射座椅在设计时必须考虑相应的处置。

在 20 世纪六七十年代，战斗机的飞行速度超过了音速，有的已经超过 2 倍音速。这时就必须要考虑高速条件下的弹射救生问题。设计师一开始很担心超音速条件下的强烈气流和恶劣环境对飞行员的冲击，考虑在弹射时选择不抛舱盖，而是让舱盖和弹射座椅一起弹射出去，或者在弹射出舱以后让舱盖遮挡在飞行员面前，起到缓冲作用。当然，飞行员也需要高空代偿服作为保护，否则就算弹射出舱以后，也会在外面的低温和缺氧环境下晕倒。例如，美国为早期型号的 F-111 战斗轰炸机设计安装了整体式弹射座舱，座舱完全密封成为独立舱段，可在水上漂浮，可在零高度、零速度条件下弹射救生。这种弹射座舱看上去很完美，但由于整体式座舱重量超标，结构复杂，救生成功率不高，造成一大堆麻烦事。美国在后期的 F-111 型号还是取消了整体座舱，恢复了普通弹射座椅。

　　目前有记录的超音速弹射是在 1.4 马赫的情况下发生的，由一名俄罗斯飞行员在米格 -25 战斗机上遭遇意外时刻记录的。使用早期的 K-36 弹射座椅，由于 K-36 弹射座椅具备束缚固定大腿的作用，因此保护了下半身。而米格 -25 的特制抗荷服和头盔可有效保护高速气流对飞行员面部的冲击，从而确保了在如此高的速度下飞行员成功逃生。

　　不过，从实际应用角度来看，尽管弹射座椅在设计时就考虑到了超音速的情况，但一般在超音速发生的事故后，最大的可能性是飞机被迫进入亚音速条件，飞行员才进行跳伞。因此，俄罗斯 K-36 弹射座椅和美国马丁·贝克弹射座椅的设计指标都被固定在 1400 千米 / 时的情况下。由于在超音速条件下弹射极其罕见，现代的弹射座椅更多的是考虑在各种恶劣条件下的高可靠性。

"台风"战斗机的弹射座椅

不同类型的弹射座椅　　　　　　安装在战斗机上的弹射座椅

→ 战斗机需要配备登机梯吗

　　作为空战主力，当前的战斗机除武器装备与感知系统外，对附属设施的需求也很苛刻，比如登机梯。供战斗机飞行员上下的登机梯，往往经过精心设计，与战斗机是"固定搭配"。与客机登机梯相比，战斗机登机梯的外观相对简单，科技含量却不低。除地勤人员维修战斗机所用登机梯比较宽大外，飞行员用来进出战斗机的登机梯设计一般都很"紧凑"。

　　在战斗机发展过程中，起初其构成单元中并没有登机梯。二战期间，由于战斗机机体普遍小巧，飞行员进入座舱较为方便，也不需要像现在这样的登机梯。以英国"喷火"式战斗机为例，它的机翼后缘离地不高，飞行员只需将座舱边门翻下来兼做踏板，就可以像进入敞篷跑车一般直接从机翼上进入座舱。之后，战斗机个头渐渐"长高"，机翼与地面的距离增加，有些战斗机设计人员便在机身侧面开了个可以扳开的"门"，或者安装一到两个脚踏。借此，飞行员就可以登上机翼，解决进出战斗机座舱的问题。美军的"地狱猫"舰载战斗机就采用了这种设计。随着战斗机座舱位置与地面距离继续增高，对机翼的保护和维护要求提升，战斗机登机梯开始出现。

　　起初，战斗机普遍使用的是外挂式登机梯。它是飞行员上下战斗机临时使用的梯子，每次使用都需要投入人力来移动，且对于不同型号战斗机，需使用不同外挂式登机梯。这无形中增加了地勤人员的工作量，也给飞行员进出座舱带来不便。

航空母舰问世后，对舰载机的使用凸显了外挂式登机梯的短板。航空母舰上飞行区空间有限，对战斗机起降效率与强度要求很高，外挂式登机梯已无法适应类似环境。这种情况下，战斗机自带登机梯应运而生。

进入喷气式战斗机时代，现代意义上的自带登机梯出现。它先是采用"登机短梯＋脚踏"混合设计方式，以满足飞行员上下战斗机的需求。不过该类自带登机梯也曾出现不够牢靠的问题，有时锁定不当，梯子会在飞行中甩出，严重影响战斗机的安全。

20 世纪 50 年代末，现代折叠式登机梯渐渐"走红"。它平时收存在机体边翼内部，使用时向下拉动即可。因为可由战斗机随身携带、简洁实用，它逐渐成为一些国家战斗机的标配。如俄罗斯的苏 -25TM 战斗机和苏 -34 战斗机就使用的是现代折叠式登机梯。

为进一步适应现代战斗机需求，天线式登机梯开始出现。它主要由 1 根主干和几个踏板组成，采用一节节伸缩的天线式设计，不使用时就收纳到座舱下方的口盖内。它体积小巧，存放方便，几乎不影响战斗机气动外形，在部分型号的米格 -29 战斗机、"阵风"战斗机、"台风"战斗机和 F-35 战斗机中得到应用。

今后，战场态势将更加复杂多变，战斗机的任务需求会更加多样，这势必会把压力传导到登机梯研发方面。随着 3D 打印等新技术及新型复合材料的应用，战斗机登机梯或将进入新的发展阶段。

F-35 "闪电 II" 战斗机的登机梯

萨博 -35 战斗机的登机短梯

→ 采用鸭式布局的战斗机有什么优势和劣势

1903 年，美国莱特兄弟研制成功的第一架载人动力飞机就是鸭式布局飞机。但由于设计不当，在其后很长一段时间，鸭式布局飞机并没有得到广泛应用。早期的鸭式布局飞机飞起来像一只鸭子，"鸭式布局"由此得名，前移的前翼也由此而被称为"鸭翼"。瑞典在研制自己的国土防空战斗机时，由于国土本身和本国军力的特点特别强调飞机的机动性和短距离起飞着陆性能，经过多种方案选择，他们选择了鸭式布局。二战后瑞典空军先后装备的 JAS-35 "龙"、JAS-37 "雷"、JAS-39 "鹰狮"就是典型的鸭式布局战斗机。

采用鸭式布局的战斗机在正常飞行状态下并没有多少优越性，但是当战斗机需做大强度的机动如上仰、小半径盘旋等动作时，战斗机的前翼和主翼上都会产生强大的涡流，两股涡流之间的相互偶合和增强，产生比常规布局更强的升力。因此在同等条件下，鸭式布局的战斗机比传统布局的战斗机具有更好的机动性。

鸭式布局战斗机因有前翼而不易失速，有利于简化战斗机驾驶和保证飞行安全。这对于构造简单的低翼载轻型和超轻型战斗机来说是宝贵的。

鸭式布局战斗机在气动上的最大特点是它能对机翼产生有利干扰，推迟机翼的气流分离，大幅度增加大迎角的升力和减小大迎角的阻力，对提高战斗机的机动性有很大好处

不过鸭式布局战斗机也存在缺陷。例如在大迎角时，前面的鸭翼总是处于较机翼更大的迎角状态下。这主要是飞机平衡的需要，另外也是由机翼对鸭翼的影响造成的。这样，当鸭翼上的气流分离时，机翼的升力还远未达到它的承载极限。受鸭翼承载能力的限制，全机的升力反而不如正常式飞机大。此外，由于机翼后缘距飞机重心 (CG) 较远，如用后缘襟翼增升，则较大的低头力矩会使鸭翼负担过重。因此鸭式布局战斗机起飞着陆性能不好，一直没有得到广泛应用。

由于存在大迎角低头操纵力矩要求和鸭翼载荷过大带来配平阻力增大和最大配平升力降低的问题。与平尾布局战斗机相比，鸭式布局战斗

机不能采用太大的亚音速静不稳定度，以免影响其优势的发挥。

采用鸭式布局的"台风"战斗机

采用鸭式布局的"阵风"战斗机

采用鸭式布局的 JAS-39"鹰狮"战斗机

→ 军用飞机的机身涂装有什么意义

第一次世界大战期间，军用飞机的涂装在防腐蚀的同时，也要兼具表现个人特色。当时的德国空军王牌飞行员冯·里希特霍芬之所以获得"红男爵"的绰号，正是因为他将其所驾驶的双翼战斗机的某些部分涂成血红色。这种鲜艳的涂装便于地面部队识别敌我，同时也为纪念以血红色为标志色的第1枪骑兵团。冯·里希特霍芬指挥的第11中队队员也纷纷效仿，将自己战斗机的某些部分涂成血红色，再加上他们五花八门的个人标志，该中队被人戏称为"空中马戏团"。

随着战争形态发展，各国战斗机涂装更加注重隐蔽性，根据季节、地域、机种和任务不同，采用不同涂装。美军在核爆炸中发现，无涂装或涂有白色油漆的军用飞机能更好地反射核爆炸释放出的光辐射。因此，从美军的 B-47 轰炸机、B-52 轰炸机、F-104 战斗机到苏军的米亚 -4 轰炸机、图 -16 轰炸机、米格 -21 战斗机等都没有涂装，直接展现出金属蒙皮的原本颜色。除防核爆炸光辐射外，金属蒙皮还可以倒映周围景象，使战斗机融入其中以隐蔽自己。不过，呈曲面的金属蒙皮会向任何方向反射阳光，人类肉眼能在很远距离上发现发光物体，反倒易暴露战斗机位置。

随着科技和工艺的不断发展，军用飞机涂装聚焦在低可视化上，最先采用低可视化涂装的是美国海军。20 世纪 70 年代末，美海军在 F-14 舰载战斗机上使用浅灰色低可视化涂装，与海天融为一体，在可见光条件下不易被发现。

在海湾战争期间，美军派出了大批作战飞机，飞赴沙特阿拉伯的空军基地。出发前，地勤人员为战斗机换装，给战斗机涂上了黄色的迷彩装，遮住了原来的颜色。这是因为海湾战争的战场大部分是沙漠地区，土黄色便于躲避敌机的空中侦察和来自空中的袭击。

除了普通的机身涂色外，科学家也在考虑更加新奇的涂色方案，为战斗机穿上深色、由不规则的几何图形组成的迷彩"外衣"。如果在战斗中，当敌方看到穿上这种迷彩外衣的战斗机时，机身上的不规则几何图形就会把其视觉分成许多块，使敌人误以为是别的飞行物，直接造成他们的视觉误判。

蓝色迷彩涂装的苏 -33 "侧卫 -D" 战斗机

经过特殊涂装的 F-16 "战隼" 战斗机

沙漠迷彩涂装的苏 -35 "侧卫 -E" 战斗机

→ 二战时期的螺旋桨战斗机为何只有两片扇叶

在喷气式发动机出现之前，战斗机只能依靠螺旋桨推进。这种通常位于机身前方的宛如电风扇一般的装置，在启动的时候高速旋转，将空气迅速向后推，从而为飞机本体提供向前运动的力量。螺旋桨原本是活塞式战斗机的动力来源，在二战中应用非常普遍。但不同于我们现在看到的 4 叶螺旋桨，二战时期战斗机的螺旋桨一般只有 2 个扇叶。

在二战期间使用的发动机当中，几乎都不能让战斗机以 1000 千米 / 时的速度飞行。因为发动机动力有限，所以螺旋桨自身只能用 2 个扇叶。螺旋桨主要的用途是为飞机提供向上的升力，但当发动机动力有限的时候，2 叶螺旋桨就已经够用了，若强行添加 1 个扇叶，就有可能因为空气补偿的原因让扇叶的性能消失。

这种设计其实是当时的飞行器设计师经过无数次实验总结出来的结果。当时的科学家得出了一个结论，那就是螺旋桨的推力大小，跟空气质量和加速度的乘积是正比关系。想要达到完美的平衡状态，2 扇桨叶的设计是最靠谱的。

随着发动机功率的提升，区区 2 片桨叶是不足以发挥发动机的全部潜力的。因为起降问题以及桨叶端部失速及结构强度等问题，螺旋桨上叶片的长度是不可能无限制增长的，想要提高螺旋桨的效率，就得在桨叶的数量上下功夫。因此到了二战结束的时候，各国普遍已经淘汰掉 2 叶的螺旋桨了，而更多地采用 3 叶乃至 4 叶的螺旋桨。依旧是以美国的战斗机为例，P-38 "闪电"就是典型的 3 叶桨螺旋桨，而 P-47 "雷电"则是 4 叶桨设计。

博物馆中的 P-47 "雷电" 战斗机

P-26 "玩具枪" 战斗机前侧方视角

飞行中的 P-38 "闪电" 战斗机

→ 为何二战时期战斗机下单翼居多

飞机是有动力的重于空气的飞行器。飞机之所以能在空中飞行并进行各种复杂的机动，主要得益于飞机机翼产生的升力以及副翼提供的横侧操纵力。作为飞机的重要部件之一，机翼通常由中翼、左右外翼和翼尖整流装置构成，包括翼梁、翼肋、桁条和蒙皮等部分。中翼和外翼的后部还分别安装有襟翼和副翼。作战飞机通常在机翼下方挂载各种军械外挂物，翼盒的内部可用于设置油箱和安放起落架。

根据机翼在机身上的配置关系，机翼可分为上单翼、中单翼和下单翼，它们各有不同的特点。通常，机翼的外形取决于飞机的气动要求，机翼的结构形式取决于传力、受力与强度。二战时期，主要国家研制的战斗机多采用下单翼，主要是基于两个方面的考虑。

首先是考虑到便于设置飞机的座舱。二战时期的战斗机大部分是二战前设计的，二战中设计的战斗机在二战后期才投入使用。当时的战斗机的特点是，都配装螺旋桨发动机（绝大部分发动机安装在机头部位，少量双发战斗机安装在左右机翼上），机体相对较小，起飞重量较轻。由于发动机的重量在全机重量中占比较高，因此飞机升力中心也需要靠前，而飞机的座舱也在飞机靠前的位置。如果采用上单翼，飞行员上方的视线会受到机翼的遮挡，不便于空战中观察空中态势；如果采用中单翼，中翼盒将穿过机身，影响座舱的设置，需要把中翼分成两部分，在机身上的安装就比较复杂；采用下单翼就最简单，可以保证中翼的整体性，机翼与机身的连接最方便，座舱底板直接设置在中翼上，不受任何影响。

其次是考虑到有利于简化主起落设计。二战时期的战斗机都采用后三点式起落架，主起落架在前。20世纪30年代以前的战斗机多为固定式起落架，在设计时只需要考虑起落架的支撑问题。采用收放式起落架以后，就需要考虑主起落架的收放安置问题。主起落架收放后可以采用安置在机翼和机身上两种方案，两种方案都会对机翼在机身上的配置关系产生影响。主起落架安置在机身上时，主轮距会受机身宽度较小的影响，需要有较大的外斜臂对起落架形成横向支撑作用，这不仅使起落架收放机构设计更加复杂，增加起落架的重量，而且机腹与地面的间隔需要增大，使飞机整体高度增加，所以二战时期的战斗机都不采用主起落架安置在机身上的方案。主起落架安置在机翼上时，下单翼布局的起落架长度最短，设计最简单，重量最轻。

　　所以，综合以上两点，二战时期的战斗机以下单翼为主。实际上，目前仍有相当部分的军用初级教练机以及由此改装的轻型攻击机采用下单翼结构，足见该结构有其独到的优点。

二战时期的"喷火"战斗机

二战时期的 P-51"野马"战斗机

二战时期的 Bf 109 战斗机

军用飞机某个部件毁坏还能正常飞行吗

飞机是一个非常复杂的系统。飞机系统由机体、动力系统、起飞着陆装置、操纵系统、液压系统、燃油滑油系统、防火防冰系统、座舱环境控制系统、氧气系统、弹射救生系统、机载武器系统，以及航空电子系统组成。每个系统又由多种设备或部件组成。如动力系统又由冷端部件和热端部件构成，冷端部件包括进气道和压气机，热端部件包括燃烧室、涡轮和尾喷管。航空电子系统包括大气数据计算机、飞行控制、通信导航与识别（CNI）、飞行管理、机载雷达、电子对抗等子系统。这些系统在飞机正常飞行中都发挥着重要的作用。

要维持安全可靠的飞行，需要飞机各系统处于正常工作状态。作为机械或电子系统，飞机的各系统或部件出现某种程度的故障是在所难免的，作战飞机在执行作战任务时会遭遇敌方防空武器的攻击，飞机各系统或部件也会遭受不同程度的损毁。飞机在设计时就已经充分考虑到系统的可靠性以及在战损时的可生存性，例如飞机上广泛使用的电传操纵系统就采用了多重冗余设计（如四余度电传操纵系统），全部失效的概率是很低的。作战飞机甚至保留了机械操纵系统作为备份系统。因此，飞机上的系统或部件在出现一般故障情况下，还可以维持正常飞行，但执行任务的能力肯定受到影响，会出现功能降级的问题。但是，在飞机上的某些系统或部件受到毁坏的情况下，飞机能否正常飞行需要具体情况具体分析。

在不直接危及飞行但影响执行任务的系统或部件受损时，飞机可以正常飞行。如飞机的武器系统或电子战系统受损，电子干扰吊舱或瞄准吊舱被毁，惯导系统受损，机载超短波和短

机身受到损坏的 A-10 攻击机

波电台受损，飞机仍能正常飞行，只是不能继续执行作战任务。

如果关键系统或部件被毁，则飞机很可能难以正常飞行。如飞机发动机、机上燃油系统、机翼及操纵面被毁，就会出现飞机发动机停车，无法向发动机供油或滑油泄漏，飞机无法保持平衡或进行机动，在这种情况下，不仅无法继续执行任务，而且已无法保证飞行安全，飞行员就不得不选择就近迫降或被迫跳伞。

飞行中的 F-20 "虎鲨" 战斗机

飞行中的 F-22 "猛禽" 战斗机

→ 现代战斗机机翼下挂载的圆筒是什么

现代战斗机可以执行多种作战任务，这些任务通常有 3 个共同特点，一是从作战基地到任务区的距离比较远，有时出于隐蔽突袭的要求，战斗机甚至会从超出其作战半径的基地出动作战；二是航线上和任务区内都会面临各种各样的敌情威胁，战斗机需要有自卫电子战系统确保自身战斗安全；三是战斗机需要配备精确导航攻击系统，保障其采用低空以及超低空突防和精确空面打击战术。由于战斗机的机体明显小于轰炸机和运输机，用于安装机体内各种嵌入式系统的空间已经相当有限，因而不得不采用外挂各种设备的形式解决各种作战需要，而外挂设备为减小气动阻力，都采用了流线外形，人们在战斗机机翼和机身上所看到的各种圆筒就是具有不同功能的机载设备。

首先，最常见的外挂是副油箱。战斗机机内油箱载油受限，要增大航程就要携带副油箱。战斗机飞行时先消耗副油箱的油，副油箱的好处是，在遇到敌情时，可将其投掉，减重以保持机动性。战斗机一般可挂3个副油箱，翼下各挂1个，机腹下再挂1个。大副油箱载油量1.75吨，美国的F-15战斗机在带3个副油箱并配保形油箱时，总载油量可达16.4吨，使该机的最大转场航程可达5400千米。

其次，执行突防任务时需要挂载电子战吊舱。战斗机作战时虽然会得到电子战飞机的支援掩护，但战斗机自身的电子战能力也是必不可少的，通过干扰吊舱对敌空空和地空制导雷达以及通信系统进行干扰，提高自身生存能力。电子战吊舱一般挂在机身上，采用双舱工作模式的电子战吊舱则分挂在左右翼尖部位。现代电子战吊舱具有数字储频功能，电子侦察和电子攻击能力均有明显提高。

最后，执行精确对地突击任务时需要挂载导航攻击吊舱。导航攻击吊舱具有地形跟随、前视红外和目标照射指示功能，有助于提高低空、超低空突防能力、夜间搜索发现目标和精确打击能力。导航攻击吊舱一般挂载在外身侧下方。

此外，在进行实兵对抗演习时，为准确评估训练效果，西方国家空军普遍使用了空战斗机动训练仪（ACMI，也是一种吊舱），在对抗训练时挂在空空导弹的挂架上。这种训练仪外形类似近距格斗空空导弹，但差别在于吊舱的头部会有几根用于空地通信的天线。

F-15战斗机底部特写

F/A-18"大黄蜂"战斗攻击机前侧方视角　　F/A-18"大黄蜂"战斗攻击机底部特写

战斗机采用侧杆布局有什么优势

　　战斗机的飞行控制系统是综合考虑到技术性能和操作要求后的结果，随着机载计算机和航空电子设备综合化水平的提高，西方国家第三代战斗机都已经实现了手不离杆的操纵标准。战斗机驾驶杆在传统上是安装在飞行员双腿之间的中立位置上，现代化战斗机的座舱布局在整体上与早期喷气机的差别也不明显，但随着 F-16 战斗机的服役和在全球范围内多个国家的广泛装备，侧杆布局在多种新型战斗机上得到更加广泛的应用。

　　虽然侧杆布局和中杆布局都是合理的驾驶杆布局，但侧杆布局有以下几个突出的优点。

　　一是便于增大座椅的后倾角。采用中杆布局时，为保证有足够大的前推驾驶杆行程，座椅后倾角有限，飞行员的坐姿较直，不利于飞行员抗大过载。采用侧杆后，飞行员手臂自然放置，并有肘部托架支撑，操纵驾驶杆的行程不受限，可增大座椅的后倾角，这就降低了头部到座椅基准面的高度，有利于提高飞行员抗过载能力，对空战中大过载机动是有利的。这是侧杆最大的优点。

　　二是优化飞行中对侧操纵台的设备操作。先进战斗机都采用电传操纵，没有传统意义上机械操纵的杆力，侧杆的操纵动作柔和，幅度不大。在飞行中对右侧操纵台的设备进行操作时，飞行员右手离杆幅度最小。

三是简化了座舱结构。驾驶杆由中杆变侧杆,座舱的通道更加开放,结构优化,便于飞行员观察和操作座舱前下方的仪表板。

侧杆与中杆相比也有一定的缺陷,左右手互换操作难度大,特别是无法用左手辅助操纵侧杆;而采用中杆布局时,用左手握杆接替操纵是很方便的。

F-16"战隼"战斗机的驾驶舱

F-15"鹰"战斗机的驾驶舱

→ 为何军用运输机不加装翼梢小翼

　　军用运输机特别强调远程快速机动、大运载能力和经济性。减小军用运输机的飞行阻力和结构重量一直是设计师们在设计军用运输机时的着力点。设计师们为此想了很多办法，在进行整体减阻减重设计的同时，从机翼设计上入手是一种合理的解决方案。

　　机翼是飞机机体结构的重要组成部分，它不仅关系到飞机的结构重量，也关系到飞机的阻力。飞机的升力主要来源于机翼，但是机翼在产生升力的同时，也会产生阻力，包括诱导阻力和摩擦阻力。诱导阻力是因机翼上下表面存在的压力差，机翼下表面的气流在翼尖处受压而翻转到机翼上表面形成涡流，使气流流过机翼后向下偏转，升力的方向发生偏转，其分力与飞机运动方向相反，起到阻力的作用，对于非常强调远程飞行的军用运输机来说十分不利。空气动力学研究表明，诱导阻力与机翼诱导阻力系数成正比，与展弦比成反比。展弦比是表征机翼气动特性的重要参数之一，它是指机翼的翼展与前后缘平均弦长之比。在巡航速度一定的条件下，展弦比越大，诱导阻力越小。而在翼尖部位设计翼梢小翼，可以实现在不实际增大翼展的前提下增大展弦比。翼梢小翼沿翼展方向外倾，气流流过翼梢小翼时，产生一个侧向力，该侧向力的一个分力就是附加升力，另一个分力减小飞机的诱导阻力。可以说，设计翼梢小翼通过减小诱导阻力在一定程度上减小了飞机的总阻力，增大了巡航升阻比，增加了飞机的航程。

　　减小机翼阻力还有其他的解决方案。具有代表性的措施是采用前缘缝翼和超临界机翼等先进翼型。前缘缝翼利用从缝翼中流出的高速气流将后缘和翼尖产生的涡流吹除，既能提高副翼操纵效率，改善低速飞行性能，也能减小飞机的巡航阻力。超临界翼型的特点是机翼上表面偏平，下表面接近后缘处向上凹陷，形成平薄的机翼后缘。这种翼型提高了机翼的临界马赫数，减小了飞机高亚音速飞行时的阻力，并使机翼的结构重量进一步减轻。这些措施对军用运输机来说都是很有利、有效的。

因此，军用运输机在减阻减重方面会综合运用多种技术，而不是单一技术。翼梢小翼虽然可以减阻，但也需要付出一定的结构重量代价，对军用运输机来说并不是唯一的解决方案。所以，并不是军用运输机不用翼梢小翼，而是有的军用运输机会采用翼梢小翼，如 C-17 "环球霸王"运输机，有的军用运输机就没有采用翼梢小翼，如 C-5M 和伊尔 -76 运输机。

机场上的 C-17 "环球霸王"运输机

伊尔 -76 运输机前侧方视角

→ 军用直升机旋翼轴顶部的"圆球"是什么

我们常常会在外国电影中看到有的直升机在旋翼轴顶部安装了"圆球"或"圆盘"。其实，这种"小脑袋"状的东西不是别的，而是安装的瞄准具或雷达。有了它，直升机就可以在障碍物后方发现和瞄准敌人，同时还可以防止自己被对方发现。

20 世纪 80 年代，美国贝尔直升机公司研制了 OH-58D "奇欧瓦"侦察直升机，就在其细长的桅顶上方装配了 1 个"圆球"。这个"圆球"其实是一种桅顶瞄准具，虽然它的体积不大，但里面的设备却十分先进：装备有 1 具可以放大 12 倍的电视摄像机、1 具自动聚焦红外成像传感器、1 具制导"海尔法"反坦克导弹及"铜斑蛇"制导炮弹的激光测距 / 目标照射器。由于桅顶瞄准具安装在直升机的最高点，优异的视野使得 OH-58D 直升机能躲在小山丘和树丛的后面对目标进行观测和瞄准，大大减小了被对方发现的概率，显著提高了生存能力。其电子系统也是当代最先进的，各种数字化的设备由数字总线连接，并能将侦察到的目标信息及时数据传输给地面炮兵或其他攻击直升机。

AH-64D"长弓-阿帕奇"武装直升机的旋翼轴顶端则安装有 1 个"圆盘"，里面安装了"长弓"火控雷达。"长弓"火控雷达采用波长约 8.5 毫米的雷达波，可在夜间及烟、雾、尘、雨、雪等各种恶劣气象条件下工作，对目标的探测距离为 6 ～ 8 千米，可扫描直升机前方 55 平方千米的区域。除了"长弓-阿帕奇"以外，米-28N、"虎"式武装直升机也安装有此类旋翼轴雷达。

AH-64D"长弓-阿帕奇"武装直升机前方视角

米-28N 武装直升机正在降落

低空飞行的"虎"式武装直升机

→ 双座和单座战斗机各有什么优势

目前世界上的战斗机有单座和双座两种类型。从起飞重量上看，轻型和中轻型战斗机一般是单座的，中型和重型战斗机多为双座的；从作战用途上看，单一任务战斗机一般是单座的，多任务战斗机多为双座的。但也有个别例外，如俄罗斯的苏-35战斗机就是多任务重型战斗机，但它却是一种单座战斗机。

单座战斗机的优势很简单，它不需要第二套飞行员环境保障系统，如供氧加压等，飞机上有限的空间可以更多用来装载武器、燃油、设备等，而不是用来装第二名飞行员。在携带同样的武器、燃油、设备的情况下，单座战斗机要比双座战斗机小巧一些。

双座战斗机的优势主要表现在：一是有利于加强两名飞行员之间的互补性；二是有助于减轻每名飞行员的工作负荷，每名飞行员可侧重执行某一类任务，如前舱侧重于制空，后舱侧重于对地突击，等等。更重要的是，双座战斗机因为有两名飞行员，在执行复杂任务时多一个大脑、两只眼睛等，更易于完成难度大的复杂操作。即使是空战任务，双座战斗机两名飞行员在格斗或者视距外作战时，因为能够各司其职，也有相当的优势。例如格斗时，两人的观察能力要比一个人好得多，更能及时捕捉敌方的动向 —— F-14战斗机就是一个很好的例子。

执行突破敌方防空体系的对地攻击任务时，两名飞行员更有利于操作从飞行控制、通信指挥，到电子战，再到空地武器使用的多种环节。通常这类战斗机的后座飞行员负责操作领航、武器管理系统等，前座飞行员负责专心在复杂环境中飞行。

苏-35单座战斗机正在飞行

不过随着战斗机科技的发展，以往许多需要双座战斗机才能完成的任务，目前一人也可以借助高度自动化的战斗机系统完成。例如 F-22、F-35 战斗机都没有计划发展双座型号。这也是必然的发展趋势。

苏 -34 战斗机的驾驶舱

苏 -34 双座战斗机正在起飞

→ 军用飞机进行修理时需要拆解吗

随着军用飞机的不断开发和研制，其主要维修技术手段正在逐渐发生变化。飞机在使用时必须经过定期检查和大修等技术维护。飞机大修的流程包括以下 6 个主要步骤。

第一步是承担飞机大修任务的修理厂接收大修飞机入厂。修理厂对入厂大修的飞机进行全面检查，将有关数据录入大修飞机数据库，着重录入飞机缺件、串件、外部损伤情况；了解飞机已经大修的次数、使用的日历年数、总飞行时间和飞行架次；记录飞机在使用中曾经发生的故障和事故情况；对飞机进行完备性检查和飞机履历一致性检查。

第二步是对飞机进行拆解和清洗。由于大修期间需对飞机有关零部件进行更换，因此需要对大修飞机进行拆解。拆解前，需放尽飞机上的氧、氮等气体，以及燃油、液压油等主辅油，进行整机退漆，拆下发动机并进行油封。然后按工艺规范规定的范围对飞机进行逐步分解、清洗。

第三步是进行修理和更换。包括对飞机机体结构及零部件进行故障检查，无损探伤；对需要进行表面修理的零部件进行表面处理；对飞机附件以及机载设备进行修理；对飞机上有时间要求、寿命要求以及必须更换的部件进行更换。

第四步是总装和调试。按工艺规范在飞机的各个大部件上安装经过修理和更换的各种部件、附件、机件和设备，并对机身、机翼和尾翼等大部件进行组装后的调试与检验。在此基础上，进行飞机的整机组装，对飞机上各系统及机载设备进行检查、调试。最后对完成总装的飞机进行整机喷漆。

第五步是试飞。如果试飞中发现故障，需在排除故障后再次进行试飞，确认故障已经排除。

第六步是出厂交付。使用方检查飞机的各种技术文件，对大修后飞机状况进行地面检查并进行试飞，全部合格后交付使用方。

所以，飞机在大修时，是肯定要拆解的。

F-35 "闪电 II" 战斗机的组装车间

技术人员正在对战斗机进行检修　　　　准备检修的 T-50 战斗机

→ 复合材料是不是衡量军用飞机先进性的重要标志

　　复合材料是由两种或两种以上不同性能、不同形态的材料，通过复合工艺组合而成的新型材料。复合材料既能保持原材料的主要性能，又能通过复合效应与协同效应获得单一原材料不具备的性能，克服单一材料的缺点，从而满足各种不同的需求。

　　复合材料之所以能发挥如此重要的作用，主要是因为它具有以下突出特点。

　　第一，各向异性和材料可设计性。这是复合材料最大的特点。复合材料的性能取决于基体、增强体和其含量、铺设方式。复合材料的力学性能及热、光、防腐、抗老化等性能都可以按照使用要求和环境条件，通过组分材料的选择和匹配以及界面控制等手段，进行合理的设计，用最少的材料满足设计要求，有效发挥材料的作用。

　　第二，整体成型。复合材料的构件与材料是同时形成的，具有复合材料的组分材料在复合的同时也形成了结构，一般不再对复合材料进行加工。因此，复合材料的整体性较好，可以大幅度减少零部件和连接件数量，降低成本，缩短加工周期，提高可靠性。

　　第三，比强度、比模量高。飞机结构上使用的复合材料以碳纤维树脂基复合材料为主，它具有很高的比强度和比模量。比强度和比模量是材料强度和弹性模量与密度的比值，比强度和比模量是真正体现材料性能优劣的参数，意味着较少的材料能承受更高的载荷。相较于铝合金，先进的复合材料比强度可以高出 6～10 倍，比模量高出 4 倍。先进复合材料的应用能大幅减轻飞机的结构重量。

F-5"自由斗士"战斗机襟翼采用复合材料

作为一项新兴的材料技术，复合材料首先在军用飞机上得到应用。复合材料的发展对航空装备的发展有着重要意义。军用飞机性能一半取决于设计，另一半取决于材料。材料的优劣对速度、高度、航程、机动性、隐形性、服役寿命、安全可靠性、可维修性等性能有着重大影响。根据统计，飞机减重中有 70% 是由航空材料技术进步贡献的。

F-111"土豚"战斗轰炸机扰流板采用复合材料

B-1"枪骑兵"战略轰炸机武器舱门采用复合材料

F-15"鹰"战斗机减速板采用复合材料

复合材料主要用在军用飞机的哪些部位

自飞机诞生以来,其材料结构先后经历了4个发展阶段,复合材料的广泛使用使其正在迈入第五阶段。这5个阶段为:第一阶段(1903—1919年),木、布结构;第二阶段(1920—1949年),铝、钢结构;第三阶段(1950—1969年),铝、钛、钢结构;第四阶段(1970年至21世纪初),铝、钛、钢、复合材料结构(以铝为主);第五阶段(21世纪初至今):复合材料、铝、钛、钢结构(以复合材料为主)。

20世纪60年代,玻璃纤维增强复合材料首先开始应用于飞机的整流罩、襟副翼中。此时,复合材料的力学性能还相对较低,应用复合材料制造的飞机零部件尺寸小、受力水平低。20世纪60年代后期,硼纤维/环氧树脂复合材料开始应用于飞机结构上。例如,美国F-14"雄猫"战斗机于1971年开始将硼纤维增强环氧树脂复合材料应用在平尾上。

20世纪70年代中期,诞生了以碳纤维为增强体的高性能复合材料,开始了复合材料在军用飞机上的大规模应用。碳纤维增强复合材料具有卓越的高比强度、高比模量、耐腐蚀、耐疲劳性能,非常适合航空装备需求。军用飞机的垂尾、平尾等受力较大、尺寸较大的部件开始逐步使用碳纤维增强复合材料，如 F-15 "鹰"式战斗机（美国）、F-16 "战隼"战斗机（美国）、F/A-18 "大黄蜂"战斗 / 攻击机（美国）、米格 -29 "支点"战斗机（苏联）、幻影 2000 战斗机（法国）等军用飞机的复合材料尾翼、垂尾。从 20 世纪 70 年代至今，欧美国家的军用飞机尾翼已经全部采用复合材料。采用复合材料的平尾、垂尾一般占飞机全部结构重量的 5% ～ 7%。

在尾翼进入复合材料时代后，复合材料的应用开始向军用飞机的机翼、机身等结构受力大、尺寸大的主要构件发展。1976 年，美国麦克唐纳•道格拉斯公司率先研制了 F/A-18 "大黄蜂"战斗 / 攻击机的复合材料机翼，并于 1983 年正式服役，把复合材料用量提高到 13%。此后，各国所研制的军用飞机的机翼也几乎全部采用了复合材料，如 AV-8B "海鹞 II"攻击机（美国）、B-2 "幽灵"轰炸机（美国）、F-22 "猛禽"战斗机（美国）、F/A-18E/F "超级大黄蜂"战斗 / 攻击机（美国）、F-35 "闪电 II"战斗机（美国）、"阵风"战斗机（法国）、JAS-39 "鹰狮"战斗机（瑞典）、"台风"战斗机（英国、德国、意大利和西班牙）、苏 -37 "侧卫 F"战斗机（俄罗斯）等。

目前，世界先进军用飞机中复合材料用量占全机结构重量的 20% ～ 50% 不等，主要应用复合材料的部位包括整流罩、平尾、垂尾、平尾翼盒、机翼、中前机身等。如果复合材料占飞机总重量的 50% 左右，则全机绝大部分结构件由复合材料制成，如 B-2 "幽灵"轰炸机（目前世界上唯一的隐形战略轰炸机）。

B-2 "幽灵"轰炸机前侧方视角

机场中的幻影 2000 战斗机

米格 -29 战斗机正在起飞

→ 无尾三角翼飞机在作战性能上有何优势

　　三角翼是机翼平面形状的一种，因其形似三角形而得名。三角翼构型普遍具有超音速飞行阻力小、结构强度高、跨音速时机翼重心向后移动量小的特点，这对于舵面平衡能力较差的飞机尤为重要，所以无尾飞机和鸭式飞机基本上都采用三角翼。最常见的三角翼飞机是法国达索公司生产的"幻影"系列战斗机。

　　在结构上，三角翼极长的翼弦可以使用简单的结构把力量均匀分布在机身，也使机翼厚度由尖锐的前缘经较长距离过渡至较厚的翼根，兼顾低阻力与高结构强度，并获得充足的机翼油箱空间，并提高战损容忍度。在追求战斗机高速性能的时代，无尾三角翼设计曾经被各国空军竞相采用，各国最新研发的先进无人机也大多采用了此类布局设计。究其原因，主要是无尾三角翼布局具有以下突出优势。

　　第一，超音速阻力小。小展弦比、大后掠角的大三角翼，加上这类机翼固有的相对厚度小的优点，减小了其超音速零升阻力。在超音速条件下，无尾飞机配平阻力也相对较小。与常规布局飞机相比，平尾和无尾飞机升降副翼在相同偏转角度下引起的配平阻力相当，而实际配平时无尾飞机偏转角度较小。

第二，在满足设计要求的前提下飞机结构重量较轻。由于省去了平尾的重量，加上机身长度缩短，以及大三角翼的结构重量较小，这种先天重量优势使得无尾飞机在改善飞机机动性时具有更高的起点。不过如果强调飞机续航能力，那么无尾大三角翼飞机相对于现代高性能常规布局飞机而言，巡航阻力稍大，因此需要携带更多的燃油，这部分重量基本上抵消了结构上的重量优势。此外，由于结构重量减轻，成本和价格也相应降低。

第三，常规机动性较好。为了弥补起降性能差的固有弱点，无尾三角翼飞机通常会选择较低的翼载。低翼载不仅有助于提高飞机盘旋能力，而且设计良好的话可以缓解大后掠三角翼带来的诱阻大的问题——因为相同过载下需用的升力系数较低，不需要拉那么大的迎角来获得较高的升力系数。这实际上是无尾三角翼布局机动性好的主要原因。

第四，隐形性能好。一般来说，飞机最大雷达反射源来自雷达、机身外挂点、座舱盖和进气道，而无尾三角翼布局的飞机有效避免了以上雷达反射源。从外形上来说，无尾三角翼飞机取消了所有的机腹外挂点，武器舱内置，而且采取背负式进气道，大大减小了雷达发射面和红外探测的可能性，再加上机身隐形涂料的应用，可以大大提高隐形性能。

萨博-35战斗机正在起飞

幻影 2000 战斗机在高空飞行

幻影 III 战斗机前侧方视角

F-102 "三角剑" 战斗机侧方视角

→ 战斗机使用的雷达隐形材料有哪些类型

应用雷达隐形材料是提高战斗机隐形性能的重要途径。合理的外形设计可将战斗机的雷达反射截面积减少 75% 以上，那么再使用隐形材料，就可进一步将隐形性能提高到 90% 以上。雷达隐形材料主要分为透波材料和吸波材料等。

透波材料

透波材料是一种对电磁波很少发生作用或不发生作用而对其保持透明状态的非金属类复合材料。雷达发射的电磁波碰到金属材料时，除一部分被反射外，容易在金属材料中感应生成相同频率的电磁流。电磁流的流动会建立起电磁场，向雷达二次辐射能量。而透波材料则不同，由于材料本身是由一些非金属材料和绝缘材料组成的，故其导电率要比金属材料低得多。因此，当雷达发射的电磁波碰到复合材料时，难以感应生成电磁流和建立起电磁场，所以向雷达二次辐射能量少。但由于机体内有其他金属材料制造的发动机、导线和电子设备等，透波材料在减小雷达反射截面积方面作用并不大，只能作为易剥离吸波材料的保护外套或主动隐形技术的屏蔽容器。

吸波材料

吸波材料是指能够通过自身吸收作用减少目标雷达反射截面积的材料。按吸收机制不同，吸波材料可分为吸收型、谐振型和衰减型三大类。但其基本原理都是使入射的雷达波能量在分子水平上产生震荡，并通过该运动的耗散作用而转化为热能或其他形式的能量，从而有效地弱化某些关键部位的雷达回波强度。按应用方式不同，吸波材料可分为涂敷性吸波材料和结构型吸波材料。

涂敷性吸波材料也就是涂敷在飞行器表面用来吸收雷达波的涂料。它分普通型涂料、放射性同位素型涂料和纳米隐形型涂料等。普通型涂料主要是各种铁氧体材料，即在氧化铁类陶瓷材料中加入少量的锂、镍等金属，如用于厘米波段隐形的锉（或镍）锡铁氧体等。目前研制出的普通型隐形涂料种类多、效果好。放射性同位素型涂料又称有源吸波材料或主动等离子隐形材料，它以钋 -210、锯 -242、锶 -90 等放射性同位素为原料，其原理是通过放射性同位素衰变辐射的高能粒子，轰击周围空气分子，形成等离子屏，等离子可吸收高于自己频段的电磁波，对低于自己频段的电磁波则产生绕射、散射、反射，造成雷达的测量误差。其特点是吸收频带宽，反射衰减率高，使用寿命长。不过，放射性同位素型涂料对战斗机飞行员和维护保障人员有很大的危害，因此很少被采用。纳米隐形材料是将某些吸波材料加工成纳米级，利用纳米材料的特殊结构与入射雷达波相互间产生的量子尺寸效应及隧道效应等来达到很好的吸波效果。如普通的铁氧体材料加工成纳米级，其吸波能力将大增。

结构型吸波材料是采用高强度宽波段吸波性的轻质耐热复合材料作

为战斗机结构材料,由多层结构材料组成(至少有3层:最外层是透波层;中间层是电磁波损耗层;最内层是基板),具有反射抵消雷达波的特性。由于结构型隐形材料是以非金属为基体填充吸波材料形成的,因此,这种材料既可用于承力部件,又是一种具有优良的电磁波吸收性能的复合材料。

目前,各国研制的结构型吸波材料大致有吸收剂散布型、层板型和夹心结构型3种。吸收剂散布型是由热塑性聚醚醚酮这类树脂纺成单丝和复丝,分别和碳纤维、玻璃纤维等特殊纤维按一定比例交替混杂成纱束,再将其编织成织物与同类树脂制成复合材料。美国F-117"夜鹰"攻击机的垂尾、F-22"猛禽"战斗机的机身和机翼蒙皮均采用了这种吸波材料。层板型是将复合材料制成多层结构,最外层为透波材料,中间层为电磁损耗层,最内层则由具有反射雷达波性能的材料构成。夹心结构型是用透波性良好且强度高的复合材料做面板,以蜂窝结构、波纹结构或锥形结构做芯子,再用石墨、磁粉、泡沫、铁氧体、碳墨等吸波材料填充而制成的复合材料。特点是重量轻,比刚度、比强度高,易做成复杂曲线结构。美国B-1B"枪骑兵"轰炸机上运用的夹心结构型材料占全部结构材料的30%。

其他材料

除上述雷达隐形材料外,各国还在不断研究新的吸波材料。如,具有蜂窝结构、黑体结构、螺旋结构、旋光性结构以及利用其旋光色散特性吸收电磁波能量的柔性聚合材料;具有轻质宽频带特性的导电高聚物材料;靠电磁涡流损耗和磁滞损耗来降低电磁波辐射的多晶铁纤维吸收材料;电流/磁流变吸波材料;半导体隐形材料;可具有感知功能、信号处理功能、自我指令并对信号做出最佳响应的新型智能型隐形材料等。

B-2"幽灵"隐形轰炸机正在起飞

美国 F-117"夜鹰"隐形战斗攻击机

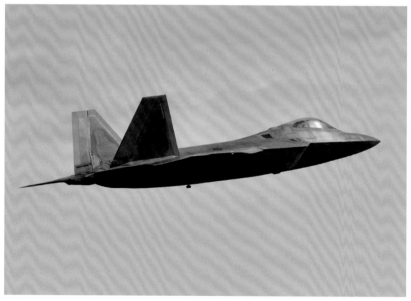

F-22"猛禽"隐形战斗机准备起飞

→ **制造战斗机座舱盖的原材料是玻璃吗**

玻璃座舱是现代化战斗机的标准设备，但是座舱盖并不是玻璃制品，而是用塑料制成的，这主要是由座舱盖的性能要求所决定的。座舱盖的必备特性有以下几点。

第一，透光性。座舱盖要方便飞行员观察座舱外部环境和机务人员观察舱内情形，所以必须有良好的透光性。先进战斗机的座舱盖透光率可以达到 70%～80%，甚至达到 90%。

第二，阻光性。座舱盖在允许可见光进入座舱的同时，还要防止红外线和紫外线的进入。这一方面是为了避免高空强烈紫外线对飞行员眼睛和皮肤的伤害，另一方面是因为这两种光波对座舱盖和座舱内的很多非金属材料都有加速老化的作用，因此要尽可能地将它们挡在外面。

第三，防撞性。飞行中，座舱盖如果遇到飞鸟撞击穿透，会对飞行员的安全构成致命威胁，因此必须具有一定的强度。一般规定，战斗机在最大速度飞行时被 1.8 千克质量的鸟类撞击，应当做到无穿透性损害。

第四，耐温性。战斗机在高速飞行，特别是超音速飞行时，高速气流对飞机表面的摩擦，会导致温度上升。因此座舱盖应当具有合理的耐温性能。

第五，保温性。在高空低温环境下，为了保持座舱内部的合理温度，同时防止低温在座舱盖表面形成雾膜或冰层，座舱盖的风挡上还会有成对出现的金属丝作为加热除雾的电极。

第六，隐形性。战斗机发展到第四代，对座舱盖又提出了一个特殊的要求，就是隐形需求。具体来说，就是阻挡和吸收雷达波的进入和射出座舱。座舱内是空腔结构，各个部件是很大的反射源。外部电磁波射入座舱后，很容易经过多次反射后再多次射出座舱，形成腔体反射效应（类似角反射器），大大增加了战斗机的雷达反射截面积。另外，座舱内有多种设备会主动发射电磁波，这些电磁波不但具有暴露飞机方位的信号特征，通信电波甚至有可能暴露战斗机作战信息，从而不仅增加了战斗机的等效反射面积，还有情报泄密的可能。

除了上述特性，座舱盖还要耐磨，重量轻，并有一定的经济寿命。

打开座舱盖的 F-35 "闪电 II" 战斗机

F-22 "猛禽" 战斗机座舱盖特写

第 3 章
动力系统篇

　　飞机动力系统是指飞机发动机以及保证飞机发动机正常工作所必需的系统和附件的总称，其组成取决于所用飞机发动机的类型。发动机将燃油的化学能转换为机械能，然后带动螺旋桨加速外界空气产生推力或拉力，或者是直接向后排出燃气获得反作用推力。

→ 概 述

　　飞机动力系统取决于所用发动机的类型，可由下面的全部或部分系统组成。

　　发动机及其启动、操纵系统：发动机将燃油的化学能转换为机械能，然后带动螺旋桨加速外界空气产生推力或拉力（如活塞式航空发动机和涡轮螺旋桨发动机），或者是直接向后排出燃气获得反作用推力（如喷气发动机和火箭发动机）。涡轮喷气发动机必须达到一定转速才能正常工作，启动系统的主要作用就是将发动机加速到能工作的转速。根据使用要求的不同，涡轮喷气发动机启动方式分为压缩空气启动、电动启动和小型内燃机启动。

　　发动机固定装置：用于将发动机固定在飞机机体上。

　　飞机燃油系统：用于存贮和向发动机的油泵供给燃油，保证发动机正常工作。

　　飞机滑油系统：活塞式发动机和涡轮螺旋桨发动机减速器有许多转动机件，需要较多滑油用于散热和润滑。飞机滑油系统（或称外滑油系统）的功用是向发动机供给需要的滑油，并进行过滤和散热，保证一定量的滑油循环使用。滑油系统一般由带过滤装置的滑油箱、导管和空气滑油散热器组成。涡轮喷气发动机和涡轮风扇发动机传动机件简单，所需滑油数量和吸热量不大，发动机内部的少量滑油利用燃油散热已能满足要求，不需要在飞机上另设外滑油系统。

　　发动机散热装置：活塞式发动机气缸需要散热。气冷式发动机直接利用飞行时的迎面气流进行冷却。为了减少冷却空气流量，减小阻力，在汽缸后面加有挡流板，整个发动机加整流罩。在整流罩的进口或出口设置风门，根据散热需要调节冷却空气的流量。液冷式发动机的冷却方法

F-14 "雄猫" 战斗机进气道特写

类似于汽车发动机，用循环水或其他液体冷却发动机，而冷却液又通过蜂窝状空气散热器进行冷却。为了提高冷却效率和减小阻力，散热器通常装在精心设计的通道内。涡轮喷气发动机除尾喷管温度较高外，其他部分温度并不是很高，发动机及其传动附件的散热方式比较简单，多从进气道引出少量空气，使其流过发动机和飞机体机间的环形通道，同时起隔热作用。

防火和灭火装置：包括防火墙、预警和灭火系统。防火墙实质上是设置在发动机机舱周围的防火隔板。预警系统向驾驶员指示发生火情的部位，以便及时妥善处置。灭火系统能自动扑灭火情于萌芽状态，保证飞行的安全。

进气和排气装置：包括进气道、排气管和喷口。

通用电气 J79 涡轮喷气发动机

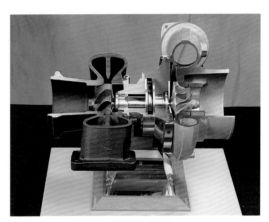

涡轮增压器

飞机使用的副油箱

→ 战斗机在高速机动时如何保证燃油不会对战斗机造成伤害

随着飞行器的复杂化，飞机、战斗机、轰炸机、运输机等飞行器上出现了一个又一个的保命系统，其中最不起眼但又十分重要的系统就是飞机的燃油系统。因为这个系统除了有储油、供油的功能外，还能起到冷却、调整飞机的重心、保持飞机平衡等重要作用。

随着战斗机、运输机、客机等大航程需求的出现，飞机的油箱开始变得越来越多。不过飞行器的重心控制一直贯穿着设计和制造的整个过程，所以如何布置、设计和控制这些油箱就成了困扰设计人员的一道难题。以战斗机为例，其内部油箱一般采用分散式布局的方式，以发动机为核心，在其周围环绕性布置多个油箱。不过这些油箱一般对称分布，在空载的状态下，保证不对战斗机的重心造成影响。

在所有的油箱中，有一类最特殊的消耗油箱，其主要的作用是收集各个油箱中的燃油，最后由它统一为发动机供油。不同油箱间用传输管连接。不同油箱内的燃油需要按一定的顺序进行依次消耗，这样做的目的是将油料消耗引起的重量减轻，对飞机整体重心变化所产生的影响降至最低。

战斗机供油的三种方式是重力供油、油泵供油和压缩气体输油。

重力供油系统结构简单，但是现在战斗机的机动十分复杂，这种供油方式并不能完全保证正常供油，所以现代战斗机已不再采用此种供油方式。

油泵供油具有传输流量大、工作可靠性高、便于实现对供油自动控制的优点，因而成为目前战斗机的主流供油方式。

油泵根据工作原理的不同又可以分为电动增压泵和隐射泵两类，前者通过叶轮高速旋转产生的离心力对燃油增压，或者通过抽油作用将其他油箱的油量传输至消耗油箱。

压缩气体输油是通过气体的挤压将燃油从油箱中挤出来，这种方式出油的可靠性较高，但是不足之处就是需要增加一定的附件，从而增加战斗机的重量，或者需要消耗发动机的输出功率。

　　所以整体上来讲，战斗机的油箱有自己的设计讲究，燃油的使用顺序也是设计好的，而且通过复翼、精翼等辅助装备，可以将燃油重量变化对战斗机重心产生的影响降低至最低。

B-2"幽灵"轰炸机进行空中加油

F-35"闪电Ⅱ"战斗机进行空中加油

战斗机在夜间空中加油有什么困难

　　现代战斗机航程越远、作战半径越大，使用起来就越灵活。但是由于现代战斗机不仅武器携载量增大，同时还要挂载导航攻击与电子战吊舱，导致战斗机的机内载油量难以成比例相应增大，因而必须通过空中加油确保现代战斗机能够进行远程机动作战，空中加油已经成为现代战斗机的必备能力。从越南战争开始，在空中进攻作战中都会投入大量空中加油机保障战斗机的远程作战。为了确保达成空中进攻的突然性，夜间空中加油越来越受各国空军的重视。

　　空中加油一般包括加油机与受油机会合、对接、加油、脱离等几个阶段。加油机与受油机的会合有航线会合与空域会合两种方式。由于加油机与受油机上都装备有先进的导航系统（包括卫星导航、惯性导航和塔康等），精确会合有充分的保障，对于取得任务资格的成熟飞行员来说，即使是夜间精确会合也没有太大的难度。加油完成后受油机与加油机一般向加油机的侧方脱离，昼夜间脱离并没有太大的差异。空中加油的困难主要体现在加受油机之间的对接与稳定加油两个阶段，夜间加受油机之间的对接与稳定加油肯定要比昼间更为困难。

　　空中加油的方式有硬式加油和软式加油两种。硬式加油是加油机将加油锥管插入受油机上的受油口进行输油，在对接过程中，受油机在加油机的后下方保持稳定飞行，由加油机上的加油员操纵加油锥管进行对接。软式加油是加油机放下输油软管，受油机飞行员操纵飞机将受油锥管插入输油软管上的套口。由于受空中飞行气流的影响以及夜间飞行观察不便，飞行员需要进行专门的训练才能掌握夜间加受油技术。目前，人们已经在加油锥管和输油软管上配装发光标志，辅助飞行员和加油员进行夜间观察和定位，在加油机上装备夜视设备，受油机飞行员也配备

夜视镜，夜间空中加受油时能够准确判断相互关系位置和精准进行操作，可以说大大降低了夜间空中加受油的难度。不过，虽然已经有了新技术手段的支撑，但飞行员夜间空中加受油仍然需要进行严格的专业训练。

F-15"鹰"战斗机在夜间进行加油

B-2"幽灵"轰炸机进行夜间加油

现代战斗机可以携带多少燃油

现代战斗机的机身长度通常在 10 米左右，除去发动机和航电设备占用的空间，几乎没剩下多少空间可以用来装载燃油。所以，战斗机设计师会想方设法地利用剩余空间来装载更多的燃油，油箱基本上是见缝插针，基本上飞机内部只要不安装其他设备的空间就会装油箱。由于机身遍布燃油，战斗机也被戏称为"空中油箱"。

战斗机的油箱一般由机身的主油箱与机翼、垂直尾翼等处的辅助油箱组成，每种飞机因为尺寸、内部电子设备安装差异、机体结构差异而造成机内的油箱分布不尽相同。其中舰载机是受影响最大的一种，因为舰载机的机翼需要折叠，造成机翼有 1/2 的地方不能安装油箱，白白浪费了宝贵的燃油储存空间。而美国 F-22 "猛禽"战斗机这种拥有大三角翼的飞机，机翼油箱就要比 F-16 "战隼"战斗机这样的梯形翼大得多。

对于很多强调高速性能的战斗机来说，由于机翼很薄，所以机翼辅助油箱的容积就会小很多，而机身油箱占的比重会很大。有些战斗机的机身油箱能够占到全部内部燃油的一半左右，甚至更多。

许多战斗机在后续改进时，也会想方设法增加飞机的内部油箱，比如俄罗斯米格 -29SMT 战斗机和以色列版 F-16 战斗机专门在机背设计了一个凸起的保形油箱，这让米格 -29SMT 战斗机的最大航程达到了苏 -27 "侧卫"战斗机的 2/3，摆脱了"机场保卫者"的恶名，但是代价就是影响了气动外形，造成机动性降低。而苏 -35 "超侧卫"战斗机则是取消了苏 -27 "侧卫"战斗机的背部减速板，将这个位置改为油箱，多种苏 -35 战斗机改进型的内部燃油量达到 11 吨。

与俄罗斯战斗机相比，F-22 "猛禽"战斗机的油箱设计更能体现出美国强大的技术实力，F-22 战斗机在机体远小于苏 -27 战斗机且要容纳内置弹仓的情况下，通过先进的航电设备集成节约空间，为 F-22 战斗机设计出载油量高达 8.8 吨的内部油箱，这已经达到了苏 -27 战斗机的内油标准。巨大的载油量让 F-22 战斗机即便使用 F-119 涡轮风扇发动机这样的高油耗发动机，依然拥有 800 千米的作战半径（包含 15 分钟的超音速巡航）。

值得注意的是，战斗机的油箱供油时，都是由机体的主油箱给发动机供油，而其他部位的辅助油箱则通过油泵将燃油补充到主油箱内部。因为辅助油箱通常没有独立供油能力，只有主油箱才能给发动机直接供油。主油箱通过特殊设计，使战斗机在做高机动过载等激烈动作时能保证恒定的供油。当主油箱的燃油消耗到一定的量时，辅助油箱会将自己的油补充到主油箱中，也就是边消耗边补充，这样可以保证主油箱的燃油一直处于比较健康的状态。

T-50 战斗机侧方视角

米格 -29SMT 战斗机后侧方视角

F-22 "猛禽" 战斗机底部特写

→ 战斗机的保形油箱与常规副油箱相比有何优点

众所周知，一架飞机能够飞多远，最根本的决定因素就是载油量。载油量大，飞机就飞得远；载油量小，飞机就飞得近。但是这也有一个问题，战斗机的机体空间是有限的，真正的燃油储存空间并不是很大。通过机翼整体油箱，可以尽量加大载油量。当依然不满足航程要求时，就需要最简单、快捷、经济的方法——加挂副油箱。

虽然副油箱会增加战斗机的航程，但是常规的副油箱用途单一，影响战斗机的机动性，破坏隐形效果，并且还要占用战斗机宝贵的武器挂架。另外，战斗机在进入战区之前或是遇到紧急战况时，就需要把副油箱抛掉，以防止影响机动性能，而且在准备空战的时候，无论副油箱内燃油是否用完都要抛掉，非常浪费燃油。

为此，航空专家们设计了一种新型副油箱，也就是保形油箱。这种油箱的设计思想是在保持或不大改变战斗机整体流线型（保形）的气动布局的前提下，紧贴机体添置贮存燃油的容器，使容器圆形表面与机翼或机身的表面相切，从而减小飞行阻力和雷达反射面积。具体来说，保形油箱与常规副油箱相比主要有以下优点。

第一，扩大燃油贮存总量，增加飞机航程。对于战斗机、攻击机和战斗轰炸机等高速飞机而言，它们机翼的展弦比小，不便于在机翼内安装主油箱，安装在机身内的主油箱贮存容积极为有限，不适应现代空中作战的远程要求，而安装保形油箱能增大飞机燃油贮存总量，增加飞机航程并提高飞机机动能力。不仅如此，保形油箱中大都装有增压系统和油泵式供油系统，能在各种情形下为发动机提供燃油。

第二，维持战斗机整体流线型，减少飞行阻力。流线型的物体在空气中运动时所受的阻力要比不规则凸出型物体或外挂型物体所受阻力小得多。也就是说，流线型保形油箱相比外挂副油箱阻力大幅下降。以 F-15C 战斗机为例，其保形油箱优秀的外形设计恰好填补了进气道外壁和翼根之间的空间，与飞机的外形融合为一体，使飞机在亚音速飞行时不增加飞行阻力，即使是超音速飞行阻力增加也不大，不会影响飞机的载荷系数和速度极限。

第三，增加装载平衡，提高飞行稳定性。在战斗机上配置油箱时，除考虑油量容积外，还必须考虑战斗机重心位置和容许变化范围。保形油箱有效地缩短了副油箱到战斗机重心的距离，增大了左右油箱油量容许变化范围，增强了战斗机的稳定性。机翼下的副油箱因为远离战斗机的中心轴线，载满燃油时，战斗机左右平衡的难度系数会较大。而保形油箱一般紧贴机身，与战斗机重心点的距离较近。战斗机摆动时，保形油箱因力臂短而产生的摆动力矩也就小了，战斗机自然就稳定得多。虽然战斗机一般都有平衡输油系统，但飞行中难免出现战斗机左右发动机组耗油量不等，而导致出现左右油箱剩油量不等的情况。较之副油箱，保形油箱距战斗机重心较近，左右油箱油量不等而产生的转动力矩就不会很大，这样就增大了左右油箱油量容许变化范围，使得飞行更为安全可靠。

第四，减少雷达反射面积，加强隐形能力。合理设计战斗机外形，对于减小其雷达反射截面积有决定性的作用。而战斗机安装适当的保形油箱，不仅不会增加战斗机的雷达反射截面积，反而能减少战斗机整体雷达反射截面积。例如，F-15C战斗机上的保形油箱不仅可以避免进气道与外壁和翼根之间垂直相交的接面，使油箱与飞机的外形融合成一体，还可以避免副油箱的反射截面，减小反射源数量，使机身形成平滑过渡的曲线形体。

第五，增加装载空间，提高载弹能力。一般来说，战斗机通过保形设计可以让出副油箱所占用的武器装载空间或挂载位置，甚至可以创造出新的武器挂架，从而提高载弹能力。例如在设计F-15C/D战斗机的保形油箱时，为了增加挂架，又不影响原先进气道下的4个半埋式的"麻雀"导弹挂架，设计人员在保形油箱下方前后增加了2个挂架，可以挂载"麻雀"导弹，也可以挂载航空炸弹。后来在设计F-15E战斗机时，设计人员又重新安排了保形油箱下方的挂架：最下方安装了一体式挂架，其中整合了3个小挂架，在一体式挂架上方又增加了3个单独的挂架，这样每个保形油箱就有6个挂架，每个挂载能力达454千克。

除上述几点外，保形油箱的优点还有很多。例如，因为保形油箱大都使用了隔舱化设计，它们除了能装载燃油外，还可以安装侦察传

感器、雷达探测干扰设备、激光识别器、微光电视设备和侦察照相机
等额外装备。

高空飞行的 F-15C 战斗机

F-15E 战斗机前侧方视角

→ 战斗机、运输机、轰炸机的油箱都在什么位置

空中力量在现代战争中所发挥出的特殊作用都来自空中力量的特有属性，也就是高速机动、远程作战。但是，高速机动、远程作战的基础在于飞机平台强大的动力，所以，没有充足的油料，发挥空中力量的特长就会失去可靠的支撑。虽然空中加油机可以为战斗机、运输机和轰炸机进行空中加油，但加油作业需要有可靠的安全保障，加油区选择限制因素很多，组织起来十分复杂。因此，对战斗机、运输机和轰炸机来说，自然是平台本身载油越多越好。

飞机平台通常需要利用机体空间设置油箱来增大飞机的载油量。除机内载油外，战斗机、运输机和轰炸机还通过加挂机外油箱（副油箱）来增大载油量。以美国 B-52G 轰炸机为例，它共有 10 个机内油箱，还有 2 个副油箱，总载油可达 141 吨，最大航程达 14000 千米。F-22 战斗机的机内载油为 9.37 吨，转场飞行时也配挂副油箱。

战斗机、运输机和轰炸机油箱的设置部位是机身和机翼。为避免燃油消耗在飞行中影响飞机重心的变化，机身和机翼上并不是一个油箱，而是分设多个油箱，按一定顺序供油。一般情况下，一侧翼盒内按外中内的顺序设置 3 个机翼油箱，内侧机翼油箱容量大，外侧机翼油箱容量小，在机翼上共设 6 个油箱。就机身油箱而言，运输机一般将油箱设置在机身下方，上方为货舱；垂直尾翼根部也有可能会设置 1 个油箱。轰炸机则将油箱设置在上方，下方为炸弹舱。战斗机由于翼盒小，故机身油箱是主体，左右并列或前后依次设置多个油箱。

由于副油箱外挂增大飞机的阻力，美国还为战斗机研制了保形副油箱，既增加了飞机的载油量，又减小了飞机的阻力，不失为一种不错的解决方案。

B-52G 轰炸机在高空飞行

F-22 "猛禽" 战斗机后方视角

单发战斗机和双发战斗机有什么不同

　　按发动机的数量不同，现代战斗机主要分为单发战斗机和双发战斗机两种。各国军方和民间一直都有关于这两种战斗机孰优孰劣的争论，但并没有一个明确的结论。事实上，单发战斗机与双发战斗机各有长短，很难简单分出强弱。

　　从空间角度来看，单发战斗机的机身布置更向中间集中，主要设备和部件都围绕中轴线布置。而双发战斗机（不管发动机之间是采用宽间距还是窄间距布置），相比单发战斗机，其机身布局都更向翼展方向发展，即看上去更宽、更薄。因此双发战斗机的内部空间往往较大，内部载油量往往大于单发战斗机，其机翼面积也往往更大，翼载荷也往往优于单发战斗机，这使得其航程更远。俄罗斯苏 -27 "侧卫" 战斗机就是双发战斗机中的典型代表。

　　从重量角度来看，由于单发战斗机只需围绕一台发动机展开设计，所以只要设计一套进气道、发动机舱、发动机驱动的液压和发电系统、发动机引气系统，通过大幅减少冗余结构和系统减轻了结构重量。

从挂载角度来看，单发战斗机的机翼和机腹空间往往更局促，可用挂点和空间小于双发战斗机。例如，瑞典 JAS-39 "鹰狮"战斗机的挂载设计非常合理，但限于其单发的狭小空间，加上翼尖也仅有 7 个挂点；而采用双发设计的俄罗斯苏 -35 "超侧卫"战斗机，则有 12 个挂点。

从机动角度来看，双发战斗机由于机身宽度较大，2 台发动机之间存在一定距离，力矩较大，因此在滚转速率上相对较低；而单发战斗机在滚转机动上比较有利，美国 F-16 "战隼"战斗机的滚转速率就远远高于俄罗斯苏 -27 "侧卫"战斗机。至于两种战斗机在其他方面的性能表现，要看气动设计与推重比，与发动机数量的直接关系不大。

从安全角度来看，单发战斗机由于使用一台发动机，因此对于发动机可靠性的要求比双发战斗机更高；双发战斗机的一台发动机发生故障时，也可以用另外一台发动机实现降落，安全系数比单发战斗机更高。不过，随着涡轮风扇发动机可靠性的不断提高以及对以往发动机事故的研究，这种观点正在被摒弃。美国空军的研究报告显示，在双发战斗机发生的许多发动机故障中，常会出现故障发动机危及另一台完好发动机的例子。在空战中若一台发动机被击中受损，产生的破片很可能会对另一台发动机造成损伤，导致另一台发动机出现故障甚至爆炸。

从成本角度来看，由于少了一台发动机和相关的附属设备，单发战斗机的制造和采购成本自然低于双发战斗机（仅限同级别战斗机）。另外，单发战斗机的操作和维护成本通常也低于双发战斗机。

停机坪上的苏 -27 "侧卫"战斗机

JAS-39"鹰狮"战斗机的配备系统

苏-35"超侧卫"战斗机正在起飞

F-16"战隼"战斗机准备降落

→ 双发战斗机极少将发动机上下排列的原因是什么

各国现役的双发战斗机几乎都采用发动机左右排列的设计，而不是上下排列的设计。事实上，并不是没有人尝试过上下排列发动机，而是这种设计存在致命缺陷，因此很多国家都放弃了这种设计。

如果说法国设计的飞机是科技与艺术的完美结合，那么英国的设计则充满了怪诞的想法。在喷气式时代的早期，英国的设计给人最深刻的印象就是怪异，如采用双尾梁布局的"海雌狐"，以及发动机上下排列的"闪电"战斗机。其中，"闪电"战斗机是英国第一种 2 马赫战斗机，在 20 世纪 60 年代作为"过渡性装备"开始进入英国空军服役，而且在战斗一线一待就是 20 多年，直到 1988 年才从一线战斗部队退役。

"闪电"战斗机是为数不多的发动机上下排列的飞机，这是在发动机性能不足的情况下使用的设计，可以满足英国为拦截苏军战略轰炸机而需要的高空高速性能。发动机上下排列可以使推力水平上保持与前进方向一致，在一台发动机推力不足或停车时仍然可以轻松控制。此外，发动机上下排列，机身宽度会大幅度减小，有利于追求高速性能。因此，"闪电"战斗机的高空高速性能在第二代战斗机中是出类拔萃的。

然而，发动机上下排列也有很大的局限。首先是机身狭窄导致进气道不易布局，进气效率受影响，需要付出一定的结构代价。"闪电"战斗机使用机头进气的设计，这非常不利于装备大型电子系统，而更多依赖地面引导。上下排列还会引起两台发动机布置空间上的冲突和掣肘，距离太大，厚度增加，被雷达锁定的概率会大大增加，生存能力下降；距离太小，两台发动机之间机械物理影响太大，如散热、共振等，处理不好会给机体造成抗疲劳过载，减少飞机的使用寿命甚至出现解体危险。狭窄而高耸的机身在进行水平机动时比扁平机身更为困难，对于强调亚音速空战的第三代战斗机而言并不是理想的选择。上下排列还不利于发动机的养护作业，会增加维护时间。另外，由于纵向需要安置的东西太多，驾驶舱雷达前轮甚至机炮和航电单元，必然会挤占发动机进气道，让发动机的燃烧效率大打折扣。

综上所述，发动机上下排列的弊大于利，其优势已不是水平布置发动机无法具备的，而缺点却越来越显著。所以，迄今为止只有"闪电"战斗机采用发动机上下排列的布局，未来技术有革命性突破之前很难再出现这种布局。

飞行中的"闪电"战斗机

"闪电"战斗机前侧方视角

"闪电"战斗机后侧方视角

战斗机的油箱如何实现安全防爆

燃油是现代社会不可或缺的主要能源之一，使用非常广泛。众所周知，燃油是易燃易爆的危险品，车辆失事后起火甚至爆炸的事件在日常生活中并不鲜见，在影视剧中更是司空见惯。为此，许多人都有这样一个疑问：战斗机的油箱可以说是四处分布，在激烈空战中被击中的概率很大，再加上战斗机巨大的载油量，飞行员岂不是相当于坐在一个随时可能爆炸的大油罐上面？其实，关于油箱的安全防爆问题，战斗机设计师们也考虑到了，并采取了许多措施来防止这一危险的发生。

目前，欧美国家的战斗机主要有两类油箱防爆装置：一是采用抑爆材料，如聚氨酯泡沫和铝箔网，属被动式防爆装置；二是采用惰化系统，如氮气和海伦惰化系统，属主动式防爆装置。惰化系统需要一套控制系统，整个装置显得比较复杂，有的惰化系统需要提供一套地面供应源设备，成本较高。以美国为例，其在海伦惰化系统方面做了大量的研究工作，并在 F-16"战隼"战斗机上进行了试验。为了确定海伦和空气的混合比、海伦对燃油的污染以及海伦对发动机燃烧的影响，美国投入大量资金进行了大量试验才得出结论。

聚氨酯泡沫材料

由于惰化系统的技术复杂，世界上绝大多数军用飞机都采用聚氨酯泡沫材料填充油箱的方法来防止油箱爆炸，如苏 -27"侧卫"战斗机、米格 -29"支点"战斗机、F-105"雷公"战斗轰炸机、F-4"鬼怪Ⅱ"战斗机、C-130"大力神"运输机、F-15"鹰"式战斗机等。用聚氨酯泡沫材料装填油箱，优点是实施简便，可减少后勤保障，且具有全天候保护飞机的能力。不过，聚氨酯泡沫材料缺乏水解稳定性，在极端的温度和湿度条件下容易出现问题。当其分解时，燃油系统受到污染，容易造成油滤网堵塞。

铝箔网材料

为了克服聚氨酯泡沫材料的不足之处，美国开始研究一种在高温高湿条件下不产生水解作用而不破碎的材料，其结果就是铝箔网材料。这种材料是目前最为先进的抑爆材料，它具有泡沫填充材料的被动防爆性，以及无须后勤保障的优点；同时，因其金属特性，在工作温度方面没有限制，具有水解稳定性，并且在加油的过程中不易产生静电。

油箱发生爆炸通常是由于燃油的挥发性气体快速燃烧，释放出大量热量，使油箱内的压力急剧增高，超过了油箱本身允许承受的压力。油箱中放置铝箔网材料后，由于该材料的网孔组成了蜂窝状的结构，把油箱内腔分成许多很小的"小室"，这些"小室"可以遏止火焰的传播。同时，这种蜂窝结构在单位容器内具有很高的表面效能，从而具有极好的吸热性，可迅速将燃烧释放出来的绝大部分热量吸收掉，使容器内的压力值增高不大，从而避免发生爆炸。

F-105 "雷公" 战斗轰炸机侧下方视角

C-130 "大力神" 运输机准备降落

→ 涡轮风扇发动机为何能成为航空发动机的主流

在 20 世纪 50 年代末 60 年代初，作为航空动力的涡轮喷气发动机技术已经相当成熟。当时人们通过计算发现，以当时的涡轮喷气发动机的技术水平，在涡轮喷气发动机加装了风扇变成了涡轮风扇发动机之后，其技术性能将有很大的提高。这样一种有着涡轮喷气发动机无法比及优点的新型航空动力理所当然地得到了西方各强国的极大重视。各国都投入了极大的人力、物力和热情来研究试制涡轮风扇发动机。

涡轮风扇发动机，又称"涡扇发动机"，是指由喷管喷射出的燃气与风扇排出的空气共同产生反作用推力的燃气涡轮发动机。涡轮风扇发动机由压气机、燃烧室、高压涡轮（驱动压气机）、低压涡轮（驱动风扇）和排气系统组成。其中，前 3 部分称为"核心机"，由核心机流出的燃气中的可用能量，一部分用于带动低压涡轮以驱动风扇，一部分在喷管中用以加速喷出的燃气。涡轮风扇发动机之所以成为目前航空发动机的主流，主要得益于它的两大显著优点。

首先，推力大。涡轮喷气发动机的推力来自尾喷管喷出的高速燃气流产生的反作用力，而涡轮风扇发动机的推力是内外 2 个涵道高速喷流产生的反作用力的总和，所以，在核心机相同条件下，涡轮风扇发动机的推力明显大于涡轮喷气发动机。例如，典型第二代战斗机 F-4 上装备的 J79 涡轮喷气发动机，基本属于顶峰时期的第三代涡轮喷气发动机，推重比为 4.7，推力为 83 千牛；而典型第三代战斗机 F-16 上装备的 F100-PW-220 涡轮风扇发动机，属第三代涡轮风扇发动机，推重比达到 7.4，推力为 128 千牛。因此，装备涡轮风扇发动机的第三代战斗机具有非常突出的中低空亚音速、跨音速机动性。

其次，耗油率低。涡轮喷气发动机存在一个明显的缺点，就是耗油率高。对作战飞机而言，这使一次加油的航程缩短，作战半径相应缩短；对民航机而言，这降低了一个航次的经济性。而涡轮风扇发动机有内外 2 个涵道，它的总空气流量比单涵道的涡轮喷气发动机要大，排气速度又低于涡轮喷气发动机，并且提高了发动机的增压比和涡轮前温度，因此涡轮风扇发动机的耗油率比涡轮喷气发动机低 15% ～ 20%，推进效率提高。配装涡轮风扇发动机后，作战飞机的远程作战能力得到明显提高，民用飞机的经济性得到显著改善。

战斗机用涡轮风扇发动机目前以 F119-PW-100 和 F135-PW-100 为代表，已经发展到第四代，并且还在不断发展的过程中。国外正在积极研制推重比 15 量级的新一代战斗机发动机，今后发动机在技术上还将取得新的突破，涡轮风扇发动机的综合效率也将进一步提高。

F119-PW-100 涡轮风扇发动机

F135-PW-100 涡轮风扇发动机

战斗机发动机喷火的原理是什么

　　战斗机在起飞、快速爬升和大坡度水平机动、大仰角垂直机动飞行时，往往可以看到飞机尾部发动机喷口处有明显的火焰喷出，这种影像在夜空中特别明显，带给人们一种赏心悦目的航空动态美感。这种现象源于飞行员接通了发动机的加力，在操作中就是飞行员将油门杆推至最前端（此时为发动机最大状态）后，拨动油门限位卡销，继续前推油门（接通加力状态），这可使战斗机获得额外强劲的动力。

　　了解加力就需要了解发动机燃烧室。燃烧室是燃气涡轮发动机的重要部件之一。现代带有加力的涡轮风扇发动机有 2 个燃烧室，分别为主燃烧室和加力燃烧室。主燃烧室位于高压压气机和涡轮之间，功能是在该空间内将经过风扇和高压压气机压缩的高压空气与燃油均匀混合后充分燃烧，形成高温高压的燃气；加力燃烧室位于涡轮和尾喷口之间，利用高温燃气流中未充分燃烧的剩余氧气，再次喷入燃油，使高温燃气再次燃烧，提高燃气的温度和喷气的速度。由于主燃烧室形成的高温燃气已经产生了反作用力（即推力），加力燃烧室再次燃烧后的高温燃气进一步产生反作用力（即推力增量，也称复燃加力），明显增大了发动机的推力（即加力推力）。

　　涡轮风扇发动机加力燃烧室的燃气流是涡轮后侧的高温燃气（含氧比例为 15% ～ 17%）与外涵道新鲜空气的混合气体，氧气含量更高，燃烧效率较高，高温喷气流的速度更大，因此在视觉上就是可以看到发动机尾喷口喷出了长长的火焰，在听觉上就是可以听到更加巨大的轰鸣声。涡轮风扇发动机在接通加力的情况下，推力可增加 60% ～ 70%，但飞机的燃油消耗率也会相应提高 150% ～ 200%，加力燃烧室的温度也显著升高。因此，战斗机使用加力的持续时间通常会有一定的限制。

F-22 "猛禽" 战斗机后侧方视角

F-35 "闪电 II" 战斗机后侧方视角

→ 超音速飞机与亚音速飞机的涡轮风扇发动机在设计上有什么不同

飞机相对于陆地和海上机动手段的明显优势就是运动速度非常快，其速度平均是陆地车辆和海上船舶运动速度的 10 ～ 20 倍。这种优势来源于现代飞行器先进的动力装置——航空燃气涡轮发动机。现代战斗机强调高速机动，具有很强的加速性能和超音速度飞行能力；但大型空中预警机、运输机和民航机强调快速与远程机动的均衡性，对超音速飞行能力的要求并不高。目前，主流的航空燃气涡轮发动机是涡轮风扇发动机，但超音速飞机和亚音速飞机的涡轮风扇发动机在设计上还是有很大差异的。

首先，进气道不同。燃气涡轮发动机的进气道在设计上就分为超音速进气道和亚音速进气道两大类，超音速进气道比亚音速进气道结构复杂一些，分为内压式、外压式和混合式 3 种（内压式很少采用）。无论哪种形式的超音速进气道，都是通过形成多个激波对进入进气道的超音速气流产生减速增压作用。亚音速进气道结构简单，进气口前缘是钝圆流线体，前段为扩张形管道，内部中心有整流锥。超音速进气道都设有调节锥或斜板，亚音速进气道则没有。

其次，涵道比不同。涡轮风扇发动机将流经前端风扇经过压缩的气流分成内外两路（称内、外涵道）流过发动机，外涵道的气流直接流到发动机的涡轮后部，内涵道的气流经过压气机压缩后进入燃烧室。涡轮风扇发动机的气动参数"涵道比"是指外涵道空气流量与内涵道空气流量之比，由此将涡轮风扇发动机分为大、中、小涵道比 3 种。涡轮风扇发动机的风扇迎风面会产生很大的阻力，超音速飞机的发动机采用中、小涵道比，形状细长，如配装在改进型 F-16 战斗机上的 F100-PW-229 发动机，涵道比为 0.36，直径是 1.1 米。亚音速飞机发动机采用大涵道比，形状短粗，配装在波音 777 上的"湍达"800 发动机，涵道比大于 6，而新的"湍达"1000 发动机，涵道比高达 10。

最后，超音速飞机发动机通常有加力燃烧室。超音速飞机十分强调飞机的加速性。发动机涡轮后的燃气中仍然含有一部分氧气，超音速飞机发动机在涡轮后设有加力燃烧室，将含氧燃气与外涵道的新鲜空气混合，再向其中喷入燃料，点火后继续燃烧，提高尾喷管出口的高温燃气速度，使发动机的推力在原有基础上进一步加大。加力通常用在起飞段以及需要迅速增速的机动飞行段，接通加力时推力通常可以增大50% ～ 70%。

F100-PW-229 涡轮发动机

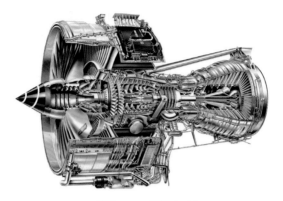

"湍达" 800 涡轮发动机

→ 蚌式进气道很难吗

　　战斗机的进气道紧贴机身，附面层效应会造成进气道内空气流动不均匀，导致发动机工作时发生喘振，轻则导致发动机推力损失，严重则可能导致发动机停车。因此，在设计进气道时，主要通过附面层分离和隔离附面层来减小附面层效应对发动机工作的影响。附面层分离就是通过引气装置排出附面层气流；隔离附面层就是加装一层隔板，使进气道与机身之间保持一定的间隙，防止附面层气流进入发动机。美国 F-16、F-22 和欧洲"台风"战斗机就采用了隔离附面层的方法。但是，分离和隔离附面层方法都需要增加相应装置或结构，这就会额外增加飞机的重量。

　　无附面层隔道超音速进气道俗称"蚌式进气道"，是一种被运用在最现代化战斗机上的发动机进气道设计。蚌式进气道采用一个固定的鼓包来模拟常规进气道中的一、二级可调斜板，并能够达到对气流的压缩，以及简化结构、隐形的目的。

　　和传统的采用附面层隔板的二元三波系进气道、二元四波系进气道等隔板进气道相比，蚌式进气道有着结构非常简单规整、结构重量轻、速度适应范围大、阻力小、隐形性能好等诸多优点，是目前最先进的进气道设计方案，在隐形战斗机上的应用优势尤为明显。

蚌式进气道的研究最早可追溯到 20 世纪 90 年代初期。1990 年，美国的洛克希德·马丁公司就开始对蚌式进气道展开初步可行性研究。很快，第一架装有蚌式进气道的战斗机闪亮登场。1996 年 12 月 11 日，洛克希德·马丁首次展示了一架安装有蚌式进气道的 F-16 战斗机，无论是亚音速还是超音速，这架 F-16 战斗机的改进都使得性能有了突破性的飞跃，经过测试，F-16 战斗机可以轻松地飞到 2 马赫设计最高速度。随后，洛克希德·马丁公司的 F-35 战斗机设计计划中，也提到运用蚌式进气道技术。

蚌式进气道看起来非常简单，看似就是取消附面层设计，取而代之的是进气道前面多了一个固定鼓包，似乎没有什么技术含量。其实，"魔鬼"往往藏在细节中，设计蚌式进气道的鼓包和进气外整流罩，需要超高的计算机和空气动力学技术水平。

F-35 "闪电 II" 战斗机进气道特写

这些都是难题，且都伴随着巨大的门槛，需要一个国家拥有极高的风洞试验实力和材料加工实力做支撑。这恰恰是中美以外的国家都比较薄弱的，所以它们研发设计蚌式进气道时就非常有难度。

台风战斗机进气道特写

"台风"战斗机使用的发动机

军用飞机使用的喷气式发动机有哪些类型

喷气式发动机利用低速流入发动机的工质（空气或燃料）经燃烧后以高速向后喷出，直接产生向前的反作用力，来推动飞行器前进。它可以产生很大的推力，而自身重量又较轻，从而大大提高了飞机的飞行速度。

喷气式发动机可分为无压气机和有压气机两类。无压气机的喷气式发动机包括冲压式喷气式发动机和脉动式喷气式发动机；有压气机的喷气式发动机包括涡轮喷气发动机、涡轮风扇发动机、涡轮螺旋桨发动机和涡轮轴发动机。

冲压式喷气发动机

冲压式喷气发动机由进气道（扩压器）、燃烧室和尾喷管组成，它利用飞行器高速飞行时，迎面气流进入发动机后减速增压后直接进入燃烧室喷油燃烧，从燃烧室出来的高温高压燃气直接进入尾喷管膨胀加速，向后喷出，产生反作用推力。它不能在静止状态或低速下启动，需要用其他助推器使航空器达到一定速度后才能启动并开始有效工作。按飞行速度，冲压式喷气式发动机可分为亚音速和超音速两种。

脉动式喷气发动机

脉动式喷气发动机是空气和燃料间歇地供入燃烧室的无压气机喷气式发动机。当一股空气顶开进气活门进入燃烧室后，进气活门在弹簧作用下关闭，此时喷进燃油并点火燃烧，燃烧后的高温燃气由尾喷管高速喷出，产生推力，吸开进气活门，空气又进入发动机燃烧室，重复上述过程，因此燃烧与喷气是断续的。

涡轮喷气发动机

涡轮喷气发动机的特点是完全依赖燃气流产生推力，通常简称为"涡喷发动机"，分为离心式与轴流式两种。与离心式相比，轴流式具有横截面小、压缩比高的优点。当今的涡喷发动机大多为轴流式。涡喷发动机适合航行的范围很广，从低空亚音速到高空超音速飞机都广泛应用。苏联米格 -25"狐蝠"高空超音速战斗机即采用留里卡设计局的涡喷发动机作为动力，曾经创下 3.3 马赫的战斗机速度纪录与 37250 米的升限纪录。与涡轮风扇发动机相比，涡喷发动机的燃油经济性要差一些，但是高速性能要优于涡轮风扇发动机，特别是高空高速性能。

涡轮风扇发动机

涡轮风扇发动机是目前较为常见的航空发动机，通常简称为"涡扇发动机"。与涡喷发动机相比，涡扇发动机在压气机的前方有 1 个与压气机串联的风扇，贯穿发动机的传动轴直接驱动风扇，风扇也有一定的压气能力。整个引擎分为内外涵道，内涵道类似于涡喷发动机，外涵道则直接让风扇加速过的气流高速通过。高涵道比的涡扇发动机推力更大，更省油，提速更快，但是风扇自身带来的阻力对飞行器的速度性能不利。因此，战斗机这类追求卓越速度性能的飞行器普遍采用低涵道比的涡扇发动机。

涡轮螺旋桨发动机

涡轮螺旋桨发动机通常简称为"涡桨发动机"，它与涡扇发动机结构类似，不过压气机前方的风扇换成螺旋桨，传动轴通过变速齿轮组驱动螺旋桨，可以理解为外涵道无限大的涡扇发动机。涡桨发动机在低速低空下能提供更好的推力，油耗更低，因此适用于需要频繁起降并在低空飞行的飞机，如运输机和海上巡逻机等。现代的涡桨发动机还可以调整螺旋桨叶片的角度，以完成包括反推在内的诸多推力级别。

涡轮轴发动机

涡轮轴发动机从涡喷发动机衍生而来，通常简称为"涡轴发动机"，主要用于直升机。其工作特点是几乎将全部可用能量转变为轴功率输出，高速旋转轴通过减速器来驱动直升机的旋翼及尾桨。

奥林匹斯 593 涡轮喷气发动机

D-30 涡轮风扇发动机

通用电气 T64 涡轮螺旋桨发动机

→ 军用飞机空中放油的原因是什么

不管是军用飞机还是民用飞机，空中放油都是一项重要的安全措施。因为飞机都存在一个最大着陆重量限制，如果高于这个重量降落，就会因飞机结构或者起落架无法承受着陆时产生的冲击而发生事故。

飞机的最大着陆重量肯定会远小于最大起飞重量，这是因为飞机降落时机身和起落架承受的过载远大于起飞，所以飞机降落时必须处于最大降落重量以下才能保证降落安全。对于较小型的战斗机来说，可以通过抛弃外挂副油箱和武器来减重；对于大型飞机来说，最快捷的减重方法就是空中放油了。

通过空中放油，飞机可以把重量快速降低到最大起飞重量以下，以保证降落安全。例如，当飞机起飞后不久就因故障或特殊原因需要紧急降落时，就需要盘旋放油减重。另外，如果飞机因起落架无法放下而需要进行紧急机腹迫降时，不管重量是否在最大降落重量以下，都需要进行空中放油，因为这样能把降落时因摩擦产生火花而引燃内部油箱的风险控制在最小。

此外，还有一种空中放油是出于表演目的。例如，美国 F-111 "土豚"战斗轰炸机具备一项独特的放油喷火绝技，使它在航展表演中备受好评。这项绝技就是飞行中喷火，F-111 战斗轰炸机的放油口被设置在两个尾喷管间的尾椎末端，可能是某位试飞员在无意中发现，一边放油一边开加力就能在机尾烧出一片巨大的火焰，于是这项学名为"放油和点火"的绝技就成为 F-111 战斗轰炸机在航展上的保留节目。在一些国家的阅兵式上，战斗机也会表演放油拉烟。

F-111 "土豚"战斗轰炸机后侧方视角

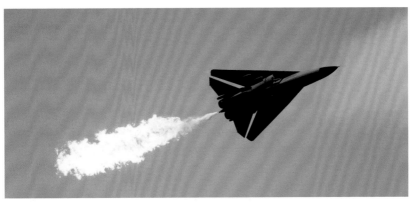

F-111 "土豚" 战斗轰炸机空中放油

值得一提的是，飞机空中放油对环境有一定污染，但污染的程度不重，对居民的影响相对较小。另外，飞机空中放油并不会洒到地面上的人身上，因为飞机放出的燃油会很快雾化，变成悬浮在空中的细小油滴微粒，然后挥发成气体消散，不会落向地面。

锯齿形尾喷管如何提高战斗机的隐形性能

喷气式飞机的主要动力来自发动机排出的高温燃气，而尾喷管的作用就是使燃气进一步膨胀，继而产生反作用力将飞机向前推动。在此过程中，尾喷管的喷口起到了关键作用，不过对于军用飞机而言，外缘圆整的喷口在工作时会将燃气束成一道圆整的喷流，同一时间从尾喷口流经的高温燃气和冷空气接触的时间是相同的，尾流的温度无法迅速降低，红外信号特别明显，这意味着会加大被红外线探测追踪（IRST）等感知系统探测到的概率。因此，军用飞机需要对尾喷流进行降温处理。

降低尾喷流温度的方法有很多，美国 F-117 "夜鹰" 攻击机选择将尾喷管喷口设计在机翼上表面、B-2 "幽灵" 轰炸机选择将冷空气引入排气系统、F-22 "猛禽" 战斗机选择采用小宽高比的二元尾喷口设计来分散核心区域的尾喷流温度。这些方法很有效，但是对于尾喷管直接裸露在外的第三代和第四代战斗机来说，上述方法显然不适用。为此，这些战斗机借鉴了大型民航客机的尾喷管设计。

　　大型民航客机将尾喷管喷口外缘进行锯齿处理，流经喷口的喷流会呈锯齿状散开，在不同的时间接触到环境中的冷空气，从锯齿缺口溢出的高温燃气会提前接触冷空气，分散开来的喷流和冷空气混合之后会显著降低尾喷流的温度，同时还能实现降噪的目的。需要说明的是，民航客机的尾喷管锯齿处理主要是为了降噪；而战斗机尾喷管锯齿处理则主要是为了降低尾喷流的温度，从而减小红外辐射信号，实现红外隐形目的。另外，锯齿形尾喷管还能在一定程度上提高战斗机的雷达隐形能力。

F-117"夜鹰"攻击机在高空飞行

　　与机身、机翼、舱门开口等采用平行线外形的设计类似，锯齿形尾喷管可使反射的雷达波向斜方向散射，从而减少发动机正后方的雷达波反射信号特征，实现最大限度压缩后向雷达反射截面积，从而使尾追或者跟踪的敌机、雷达制导导弹难以搜索跟踪。由于技术简单粗暴，一些第五代战斗机也采用了锯齿形尾喷管，如美国F-35"闪电Ⅱ"战斗机和俄罗斯T-50战斗机。

T-50战斗机后侧方视角

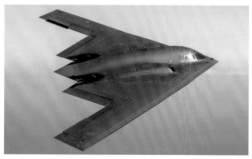

B-2"幽灵"轰炸机后侧方视角

空中加油技术有哪些

空中加油机是大国空军装备的关键机种，在空中为受油机加油，可增加受油机的航程与载弹量。早在 20 世纪 20 年代，人类就完成了空中加油的试验，但整个加油过程还是通过人工操作。20 世纪 40 年代，英国人根据已有的软管式空中加油技术，发展出插头锥套式加油设备，随后美国人又发明了伸缩管式加油设备。空中加油技术从此开始实用化发展。

空中加油技术出现较早，目前已有超过 30 个国家装备了空中加油机。尽管如此，由于空中加油技术具有一定的技术门槛，尤其是涉及载机平台的适配改装问题，目前能够独立自主开发空中加油机的国家尚为少数。

空中加油机的作用就是在空中为受油机加注燃料。仅在功能上看，加油机的用途略显单一，若是搭配到战术使用上，加油机的效果就更加明显了。空中加油能增加作战飞机的航程，使受油机飞抵以往无法达到的空域，执行以往无法完成的任务，并省去了飞机中途降落补充燃料的时间。对于侦察机、反潜机等特殊机种来说，空中加油机可以增加这些特种飞机的滞空时间，从而减少飞机的出动架次，更加高效地完成相应的作战任务。

除了弥补航程，空中加油还能够增加作战飞机的有效载重。例如，战斗机以"半油"的方式起飞，节省的重量用于挂载更多的武器弹药，起飞升空后，再进行空中加油完成燃油补充。

空中加油技术分为两种，分别是软管式与硬管式。包括俄罗斯等大多数国家采用的是软管式，美国则主要使用硬管式。软管式空中加油技术通过加油吊舱收放加油管件，软管被完全释放展开后，受油机机头部位的受油接头与管件的接口连接，开始进行空中加油。软管式加油装置主要是加油吊舱，一架加油机通常会挂载 2 ～ 3 个加油吊舱，多个加油吊舱可以同时进行空中加油，在加油过程中需要受油机主动对准接口，因此，软管式空中加油对受油机的操作性要求较高。此外，加油吊舱往往是可拆卸的，一些飞机平台稍加改装便可成为空中加油机，拆卸加油吊舱的加油机还可继续执行原型号飞机的作战任务。

相比软管式，硬管式空中加油技术的加油效率更高。硬管式空中加油技术的加油装置主要为一套可伸缩的加油管件，并配有专职的加油操作人员。在进行空中加油时，管件下放并伸长，操作员操作管件接入受油机的加油口，加油结束后，操作员撤回管件，将管件收缩、升起，贴紧机身。

KC-130 加油机在空中为 F-15"鹰"战斗机加油

根据需要，一些加油机兼具软管式、硬管式空中加油装置，也有的硬管式空中加油装置可以加装软管式加油装置，满足采用软管式空中加油方式的受油机。除了常见的加油机外，航母舰载战斗机也具备"伙伴加油"的能力，即舰载战斗机挂载安装软管式加油吊舱，为其他舰载战斗机进行空中加油。舰载机的"伙伴加油"不仅可以增加舰载机的作战航程、载弹量，甚至能够在不方便降落的紧急情况下为舰载机延长滞空时间。

使用飞锚式荚舱进行"伙伴加油"的 F/A-18 战斗攻击机

KB-29 加油机利用环状油管为 B-50 轰炸机加油

无人机可以在空中加油吗

美国研发了全世界第一款无须人工干预、完全由 AI 技术控制的先进隐形无人战斗机：X-47B 无人机。2008 年 12 月，第一架 X-47B 无人机完成地面试验，2010 年它完成了高、中、低速滑跑以及与 F/A-18 "大黄蜂"战斗机伴随试飞，2011 年 2 月它在美国加州爱德华兹空军基地实现首飞。第二架原型机在 2009 年 12 月出厂，2011 年 11 月完成首飞。在 2012 年到 2014 年间，X-47B 无人机多次在航母上进行弹射、着舰以及着舰复飞等实验，成为全球第一架能够在航空母舰上起飞并自主回收的隐形无人轰炸机。在 2015 年 5 月，X-47B 无人机还完成了自主空中加油，成为全球首架实现空中加油的无人机。

无人机空中加油技术是目前世界上最顶尖的技术之一。其空中加油的方式基本和有人飞机空中加油一样。加油机伸出加油管，受油机和加油机相互配合，让加油管接到受油机上，再实现油料的传输。这种加油方式，最大的难度就是受油机和加油机要协同配合完成加油过程。目前，有人机空中加油的最高成功率只有 30%，而且偶尔还会发生有人机在空中加油时受油机和加油机相撞的事故。这里也就引出了第一个难题，那就是对接难题。在加油过程中，由于受油机头波、加油机尾流和大气紊流的影响，加油管的锥套会产生不规则的摆动，导致对接困难。

另外，无人机的远程控制不像有人机的现场观察那样实时和准确。因为信号传输需要时间，所以控制人员在前一刻根据加、受油机的状态产生的操作指令，非常有可能不适合后一刻的实际情况。再加上控制人员是通过机上摄像头判断加、受油机的状态，准确性较差，所以无形中又增加了对接困难。

解决这两个难题，大致可以从两个方面寻求方法。第一个是从根本上改变这种软管加油的方式。第二个就是捕捉和对接分离。通过一些技术，实现受油机在加油管锥套不规则摆动下大概率捕捉，然后通过另一些技术，保障对接成功。

MQ-25 "刺鳐" 无人加油机

MQ-25 "刺鳐" 无人加油机在空中为 F-35 战斗机加油

第 4 章
起降设施篇

　　军用飞机的起降设施是用以使飞机在地面或水面起飞着陆滑跑、滑行和停放的装置。起降设施既是可以支撑飞机重量，又可吸收飞机着陆时和滑跑中的冲击能量。起降设施主要由承力支柱、缓冲器、机轮（或浮筒、滑橇）、收放机构等构成。

→ 概　述

随着飞机的逐渐成功，飞机的设计质量和飞行速度不断增加。因此提高飞机的起飞和着陆性能就成了急需解决的问题之一。第一次世界大战时的飞机已经有了减震的起落架，这些起落架采用把橡皮绳绕在轴上并把它们固定在支柱上的方式来进行减震。此时的起落架在着陆减震方面进入了角色。

随着飞行速度的提高，现代飞机的起落架都要求可收放，以减小飞行时的空气阻力。因此，起落架的结构形式也由架构式发展为支柱式和摇臂式。

为适应飞机起飞、着陆滑跑和地面滑行的需要，起落架的最下端装有带充气轮胎的机轮。为了缩短着陆滑跑距离，机轮上装有刹车或自动刹车装置。此外还包括承力支柱、减震器（常用承力支柱作为减震器外筒）、收放机构、前轮减摆器和转弯操纵机构等。承力支柱将机轮和减震器连接在机体上，并将着陆和滑行中的撞击载荷传递给机体。前轮减摆器用于消除高速滑行中前轮的摆振。前轮转弯操纵机构可以提高飞机地面转弯的灵活性。对于在雪地和冰上起落的飞机，起落架上的机轮用滑橇代替。

飞机在着陆接地瞬间或在不平的跑道上高速滑跑时，与地面发生剧烈的撞击，除充气轮胎可起小部分缓冲作用外，大部分撞击能量要靠减震器吸收。现代飞机上应用最广泛的是油液空气减震器。当减震器受撞击压缩时，空气的作用相当于弹簧，贮存能量。而油液以极高的速度穿过小孔，吸收大量撞击能量，把它们转变为热能，使飞机撞击后很快平稳下来，不至于颠簸不止。

收放系统一般以液压作为正常收放动力源，以冷气、电力作为备用动力源。一般前起落架向前收入前机身，而某些重型运输机的前起落架是侧向收起的。主起落架收放形式大致可分为沿翼展方向收放和翼弦方向收放两种。收放位置锁用来把起落架锁定在收上和放下位置，以防止起落架在飞行中自动放下和受到撞击时自动收起。对于收放系统，一般都有位置指示和警告系统。

　　机轮的主要作用是在地面支持飞机的重量，减小飞机地面运动的阻力，吸收飞机着陆和地面运动时的一部分撞击动能。主起落架上装有刹车装置，可用来缩短飞机着陆的滑跑距离，并使飞机在地面上具有良好的机动性。机轮主要由轮毂和轮胎组成。刹车装置主要有弯块式、胶囊式和圆盘式 3 种。其中应用最为广泛的是圆盘式，其主要特点是摩擦面积大，热容量大，容易维护。

C-130 运输机的起落架

　　操纵飞机在地面转弯有两种方式，一种是通过主轮单刹车或调整左右发动机的推力（拉力）使飞机转弯；而另一种方式是通过前轮转弯机构操纵前轮偏转使飞机转弯。轻型飞机一般采用前一种方式；而中型及以上的飞机因转弯困难，大多装有前轮转弯机构。另外，有些重型飞机在转弯操纵时，主轮也会配合前轮偏转，提高飞机的转弯性能。

F-2 战斗机起落架特写

苏 -30 战斗机正在起飞

F-16"战隼"战斗机正在降落

军用飞机的起落装置有什么要求

军用飞机的起落装置一般包括：起落架的结构部件；地面滚动部件；控制部件；辅助减速部件；起落架舱门及其收放装置和系统；地面操作系统和其他子系统，比如用于牵引、顶起、系留以及防止擦撞尾部的尾部缓冲装置；拦阻装置。

虽然起落架的结构在大体上是相同的，但考虑到飞机的不同特征，起落架的布局形式主要有3种形式，即前三点式、后三点式和自行车式。其他形式的起落架一般是根据特殊需要设计的，其中最常见的是为大型飞机设计的多点式起落架。

前三点式起落架的两组主轮布置在飞机重心靠后的地方，另一组前轮布置在飞机的头部下方。这种布局形式在现代飞机中被广泛应用。其优点有：飞机在地面运动时的方向稳定性好；着陆时可猛烈刹车且不会导致飞机向前翻倒，从而可以采用高效刹车装置，大大缩短着陆滑跑距离，对高速飞机非常有利，着陆操纵相对简单；飞机的纵轴线接近水平位置，飞机滑跑阻力小，起飞加速快。前三点式起落架的缺点是前起落架长、受力大、重量大，甚至有的时候会造成飞机布置的困难。

后三点式起落架一般配备给小型、低速和配备活塞式发动机的飞机，也就是将起落架的主轮布置在飞机中心的靠前处，另一个尾轮布置在飞机的尾部。这种起落架的空间容易保证，尾部起落架重量较轻且又短又小，因此容易布置和收放。另外，后三点式起落架地面滑跑时迎角很大，可以利用飞机阻力来减速，从而缩短着陆和滑跑距离。后三点式起落架的缺点包括：高速滑跑时，遇到前方撞击或强烈制动，容易发生飞机倒立的现象；实际速度超过规定值时，飞机容易发生"跳跃"现象；起飞和降落时滑跑不稳定；向下的视界不佳。后三点式起落架主要用于早期飞机，现在已经很少采用。

海上飞行的 AV-8B "海鹞 II" 攻击机

自行车式起落架的布局是在机身下部的飞机重心前后，前后各设置 1 个主轮，并在机翼下方各安装 1 个护翼轮。这种布局形式一般用于有特殊需要的飞机，例如机身中段装有弹舱的 B-52 "同温层堡垒" 轰炸机和采用垂直起降方式的 AV-8B "海鹞 II" 攻击机。军用飞机采用自行车式起落架，可以解决飞机主起落架的收放问题。这样做的缺点是前起落架承受载荷大，起飞滑跑时不容易离地，造成滑跑距离增大，且不能采用主轮刹车的方法等。

P-3 海上巡逻机的起落架

→ 为何美国战斗机很少使用减速伞

　　战斗机在空中普遍以 1 马赫到 1.5 马赫的巡航速度飞行，也就是以 1225 千米 / 时的速度进行飞行，即使战斗机在降落的时候，虽然速度已经降下来了，但是它还将保持几百公里的时速向前飞行。为了让战斗机能够安全降落，除了把战斗机的飞机跑道修得足够长以外，还有另外一种措施让战斗机减速，那就是在战斗机的机尾装上减速伞，在战斗机即将降落到地面的瞬间打开减速伞，以达到减速的目的。如今大部分国家使用减速伞对战斗机进行减速，而美国战斗机却很少或者几乎不使用减速伞，这是什么原因呢？

　　战斗机降落的时候主要有两种减速方式，除了使用减速伞以外，还可以利用战斗机自身的刹车系统对战斗机进行减速。在战斗机减速方面，大部分国家普遍偏爱使用减速伞进行减速，主要原因是使用减速伞的成本相对较低。使用减速伞对战斗机进行减速，那么战斗机的刹车系统负担相对较小，刹车系统负担小，那么战斗机轮胎磨损的概率就小，要知道战斗机的轮胎可是非常昂贵的，更换一个战斗机轮胎需要很高的成本，所以经费相对紧张的国家会使用减速伞这种相对经济的方式对战斗机进行减速。

"火神"轰炸机正在降落

苏 -34 战斗轰炸机正在降落

不过若使用减速伞对战斗机减速，当战斗机降到一定速度的时候，就必须抛掉战斗机尾部的减速伞，以避免减速伞被战斗机发动机烧毁或者因为环境因素被吸进发动机引发火灾给战斗机造成严重后果。而抛弃减速伞带来的后果就是会增加地勤工作量，还会影响飞机升空作战效率。为了减少减速伞带来的影响，一些国家比如美国索性直接放弃使用减速伞，而使用战斗机自身的刹车系统。比如采用战斗机刹车制动方式或者机背上的减速板对战斗机进行减速，虽然更换轮胎或者安装减速板增加了战斗机维护成本，不过对于美国来说，因为这点钱影响战斗机的战斗力非常不值得。

F-2 战斗机正在降落

F-22 "猛禽" 战斗机正在降落

→ 军用飞机可以用履带作为起落架吗

起落架是航空器械下部用于起飞、降落或者滑行的支撑部位。起落架是飞机不可缺失的一部分，没有它，飞机便不能移动。当飞机起飞后，可以视飞机性能而收回起落架。一般来说，飞机的起落架是使用轮胎的，少数也有使用滑橇的。更不可思议的是，在冷战时期美国曾研制一种YB-36A 轰炸机验证机以履带作为起落架。

YB-36A 装备的履带起落架是以新型合成材料制成的，主要由镀黄铜钢缆与强化橡胶构成。它长 7.01 米、宽 40.64 厘米、厚 2.54 厘米，可以承受的最大拉力达 68000 千克。与此同时，YB-36A 也像坦克一样，加装了镁合金结构的负重轮，以进一步减小对地压强。尽管加装履带起落架后的起飞重量增加了 2 吨，但飞机落地后对地面的压强却减小了 30%。不过，随之而来的各种负面影响也让研发人员头疼不已。因为起飞重量问题没有得到解决，飞机起飞需要很长的一段跑道，这让 YB-36A 的机动性大打折扣。与此同时，飞机在地面快速滑行时，履带式起落架会发出巨大刺耳的噪声，让飞行员极度不适。最终该飞机没有被军方采用。

事实证明，履带式起落架并不适合在飞机上使用，主要原因有两点。

第一，履带的结构复杂且重量较大。履带是典型的重型车辆行动装置组成部分，履带、主动轮、负重轮、诱导轮和调整器构成重型车辆的履带推进系统，通过连接发动机与主动轮之间的传动系统，将发动机的动力转换为对重型车辆的牵引力。其中，履带的功能是实现重型车辆运动的牵引力和停止的制动力，组件多，结构复杂，重量重。飞机是直接依靠发动机的推力或拉力进行地面运动的，而不是靠驱动机轮，因此履带推进系统的多数部件对飞机来说是多余的。另外，履带装置在飞机上收放也会占用大量空间，而且，对飞机来说减轻重量是非常重要的设计因素。

第二，履带主要适于在松软地面上通过，高速运动并非其优势。履带板上有纵横加强筋，使履带与地面接触面积大，附着力很强，因此履带在松软和起伏不定的地面上有很好的通过性，并可减轻由地形产生的颠簸和振动，但这会大大限制履带的运动速度。而飞机在机场跑道上起降，道面平坦坚硬，对通过性没有特别要求；飞机起飞时需要快速加速，履带高附着力的优点对飞机来说反而成为突出的缺点，因为高附着力就意味着大阻力。飞机起飞滑跑的后段，机翼产生的升力逐渐增大，飞机对地面的压力逐渐减小．履带的高附着力此时也没有实际的价值。

　　因此，现代飞机虽然是庞然大物，重型战斗机的起飞重量能达到 30 吨以上，轰炸机和运输机的起飞重量则数倍于战斗机，但都采用轮式起落架，而未见履带式起落架方案。可见，轮式起落架更适合于飞机，履带更适合于坦克等重型车辆。

专业人员正在检查军用飞机试验履带

B-36 "和平缔造者" 轰炸机的履带试验装置

→ 舰载直升机是如何着舰的

舰载直升机在舰船上起降比起在陆地上起降要困难得多。因为舰船在海面上是一个来回晃动的平台，在直升机接近飞行甲板时，瞬间的气流扰动，就会使其翻覆。

据国外数据统计，舰载直升机事故中，80%的事故出现在降落阶段。舰载直升机从进入航线、对准中线到着舰这 12 秒，被称为"恐怖的 12 秒"。而近年来，随着直升机着舰助降系统的应用，显著提高了舰载直升机着舰的成功率和可靠性，事故发生率已明显下降。

目前直升机在军舰上降落使用的助降系统有 3 种形式：法国的"鱼叉"、加拿大的 ASIST、俄罗斯的"渔网"。

法国"鱼叉"式直升机助降系统

"鱼叉"式直升机助降系统的原理是，在起降平台中间设有格栅，而直升机下部带有 1 个类似鱼叉的装置。当直升机接近平台一定高度时，先伸出鱼叉卡住格栅，然后通过动力装置把直升机逐渐拉下来。这样直升机与军舰间是刚性连接同时运动的，即使舰艉在风浪中突然提高，直升机也会相应地被推高，不会有突然撞在甲板上的风险。

加拿大 ASIST 助降系统

加拿大最新一代的 ASIST 全自动助降系统在直升机和甲板上增设了红外装置以协调舰机，而甲板上的快速固定器为凹型，直升机着舰触地时，快速固定器快速移动撞向直升机的探杆并咬住，而后快速固定器原地将机身调整至进库方向，至此完成助降工作，可见该全自动助降系统保证了舰面人员的安全。

卡 -27 直升机完成着舰

俄罗斯"渔网"助降系统

　　其实"渔网"不能算特别专业的助降系统，因为卡氏共轴双旋翼直升机本身起降性能很好，所以不需要特别的助降系统就可以自行降落。"渔网"更多地起到防滑的作用。

SH-60 "海鹰" 直升机正在着舰

NH90 直升机正在着舰

→ 如果飞机发动机动力足够大，能否像火箭一样垂直起降

不论是军用飞机还是民用飞机，执行飞行任务时都有一个共同的特点，就是对机场的依赖性非常大。现代机场占地面积大、结构复杂、净空条件要求高、建设周期长，但目标庞大、特征明显，极易遭到敌方空袭的破坏。因此，现代空中力量注重降低飞机对跑道的要求，有一些飞机（如 F-35B）有比较好的短距起飞和垂直着陆能力，也有部分飞机采用了倾转旋翼方式，但大多数飞机仍然是常规跑道滑跑起降。出现这种情况，固然有发动机动力受限的原因，也有飞机功能和飞行原理方面的原因。但如果飞机的发动机足够强劲有力，飞机会像火箭一样垂直起降吗？

首先，民用客机并没有垂直起降的必要性。要么设计将飞机从水平状态起竖到垂直状态的装置，要么按起降和巡航阶段乘客乘坐状态设计座椅，但会增加额外成本。显然，发动机足够给力的话，民用客机超音速巡航的经济性远大于垂直起降。

其次，作战飞机常规垂直起降的军事价值很大。如果发动机推力足够大，作战飞机显然没有必要采用机头垂直向上的垂直起降，大推力发动机可以轻松实现机身水平状态的垂直起降，气动构型、武器挂载、起落架等都不需要进行全新设计，但垂直起降可以有效克服作战对跑道的依赖性。

Yak-38 战斗机垂直起降动力示意图

AV-8B "海鹞 II" 攻击机自甲板起飞

最后，无人作战飞机则可以采用垂直起降的方案。无人作战飞机起飞重量也比较大，如果发动机足够给力，就完全可以按垂直起降的方案设计新一代无人攻击机或无人战斗机，实现无人作战飞机在任何需要的地方快速战斗出动或战斗部署。这种能力或许使无人机成为空战游戏的改变者。

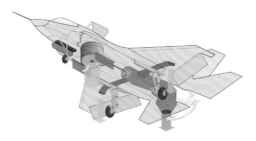

F-35 "闪电 II" 战斗机垂直起降动力示意图

战斗机可以在公路上起降吗

公路起降能力可以让一个国家在全国甚至全球任何一个地点部署战斗机，而不受到机场的限制。2018 年，俄罗斯空军进行了第一次公路起降训练。对于其他国家来说，这种起降训练或许并不重要；但对于俄罗斯这个国家而言，这种公路起降的训练实际上是非常有必要的。俄罗斯全国的基础设施并不算优秀，尤其是在亚洲的西伯利亚地区，很难建造先进的机场和各种保障设施，因此战斗机的野战起降能力实际上是非常重要的。俄罗斯此次展开公路起降训练实际上是为俄罗斯空军在日后的作战中保证足够的优势。实际上很多高纬度的国家都会采用这种模式执行作战任务，而美俄等国更是将这种训练科目列为飞行员的必修科目之一。

战斗机公路起降最需要解决的问题就是战斗机短距起降能力和便捷的维护能力，普通战斗机实际上是做不到这一点的。以美国 F-22 战斗机为例，这款战斗机就很难拥有公路起降的能力，F-22 的战斗机构型是传统构型，想要起降第一个需要解决的就是起飞滑跑距离的问题，即使是 F-22 的 2 台发动机推力达到了 310 千牛，F-22 战斗机想要正常起飞也需要 500 米以上的滑跑距离。

第二个要解决的就是维护性问题。F-22战斗机的机体涂层和各项设备的保障非常麻烦，以美国空军的手册来看，进行一次维护至少需要30个小时，并且每次执行完任务都需要进行维护。在公路起降的情况下，F-22战斗机首先需要解决的就是这个问题，而公路上自然不可能拥有恒温机库和先进的保障设施，这也让美国在公路安全起降F-22战斗机成为不可能的事情。

公路起降性能最优秀的自然是鸭翼飞机。根据瑞典公开的消息，JAS-39甚至可以在400米的距离内起飞，因此改为舰载机的时候甚至不需要进行大规模改进，只需要增加尾钩，改进机体强度即可。

战斗机在公路上起降并不是新鲜事。为了实现战斗机的公路起降，一般需在公路上修筑可供飞机起飞、着陆的路段，即"公路跑道"。专门修建的公路跑道需符合一定的长度、宽度、坡度、承载能力、净空范围等条件，亦可直接选用符合飞机起降条件的直线路段作为飞机跑道。这些公路通常建在军用永备机场附近，主要供航空兵机动作战、疏散隐蔽、紧急备降以及输送人员、装备、物资时使用。

JAS-39"鹰狮"战斗机进行公路起降训练

美国空军进行战斗机公路起降训练

→ 战斗机带弹着陆或着舰有何风险

1999 年，在为期近 3 个月的科索沃战争中，北约进行了数轮大规模空袭作战，美国空军 B-2 "幽灵" 轰炸机在战争中大显身手。不过，有一架 B-2 轰炸机在执行任务时旋转挂架出现故障，导致最后 3 枚炸弹无法投放，只能带回空军基地。结果，整个基地都如临大敌，生怕 B-2 轰炸机降落时出现问题。不过，最后并没有发生事故。

为什么轰炸机带弹返航会让基地如此紧张？究其原因，主要是战斗机带弹着陆会大大降低安全性。喷气式飞机着陆的时候，为避免失速和调整自身姿态需要，需要保持相当的速度，这个速度叫作入场速度，一般来说，这个速度是飞机失速速度的 130%。大部分民航客机的入场速度大概是 200 千米 / 时，而大部分战斗机的入场速度一般是 300 千米 / 时。但是飞机的失速速度是升力等于重力的速度，如果携带的武器增加了飞机重量，那么飞机就必须提高速度以增加升力，对应的失速速度和入场速度都要提升。重达十几吨的战斗机以这个速度接触地面，冲击力之大不言而喻。战斗机携带的武器越多，着陆时的冲击力就越大，这对于飞机整体结构和起落架承受能力是非常大的考验。

此外，武器挂架的承受能力也是不得不考虑的问题。着陆时的巨大冲击力，对于武器挂架的承受能力也是非常大的考验。在挂载重型武器时，一旦武器挂架的连接部件无法承受住冲击，武器脱落后撞击触地的后果非常严重。

对于航母舰载机来说，带弹着舰的困难更大。由于航母舰载机着舰难度大，对于舰载机着舰要求也非常高。一般来说，要求舰载机必须满足在 0 高度、280 千米 / 时的速度下，依旧可以做出 1.5G 的机动能力进行调整，所以带弹着舰限制舰载机的机动能力，导致着舰风险加大。当年，F/A-18E/F "超级大黄蜂" 战斗 / 攻击机之所以在竞争中打败 ASF-14 "超级雄猫" 战斗机，一个重要原因就是它能够携带 4 吨负荷返回航母，而后者因为自身重量太大，无法达到这一要求。

有鉴于此，早期战斗机对于带弹着陆有较高限制，再加上早期无制导弹药比较便宜，为了提高安全系数，抛弃弹药以求平安着陆的现象比较常见。后来，制导弹药越来越贵，一枚导弹价值数十万美元，甚至超过 100 万美元，即便是财大气粗的美军也不敢随意抛弃。美军海湾战争报告就说："没用上的弹药就得丢弃，这些浪费很让纳税人心痛！"为此，美国将带弹着陆、带弹着舰作为战斗机的设计指标。时至今日，世界各国军队几乎都已经解决了带弹着陆和着舰的问题。

现代战斗机在研制的时候都对飞机主要受力的组件进行了强化、加固处理，尤其是复合材料以及碳纤维材料的广泛应用，使得战斗机整体结构强度和起落架强度允许承受更大的着陆冲击力，从而提高了带弹着陆的安全上限。但在特殊环境下，为保障万无一失，在重型炸弹或降落条件比较苛刻的环境下仍要求抛弃炸弹再降落。

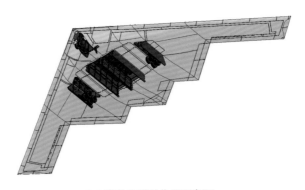

B-2 轰炸机弹舱位置示意图

F/A-18E/F "超级大黄蜂" 战斗 / 攻击机在甲板降落

→ 军用飞机带弹起飞后，如何实现带弹降落

军用飞机在执行作战任务时一定要带实弹进行起飞，平时也常常会带实弹进行战术训练。无论是战时还是平时，飞机带实弹起飞后，由于任务变化、环境条件不允许以及军械系统故障等，出现不能发射实弹的情况是常见的。在这种情况下，战斗机就会带实弹返航。飞机是否需要带弹着陆，则需要根据具体的情况确定。

飞机着陆都有最大允许着陆重量的限制。如果带实弹返航时，军用飞机的重量未超过飞机的最大允许着陆重量，通常情况下，战斗机可以带实弹着陆。如果军用飞机的重量超过最大允许着陆重量，而且采取放油减重措施后仍然超过飞机的最大允许着陆重量，飞行员就需要驾驶飞机飞到指定的投弹区，采用安全投弹的方式将所挂载的实弹投掉。

为确保作战飞机挂载炸弹飞行时的安全，以及在飞机安全投弹时防止炸弹爆炸，飞机上专门设计有军械系统爆炸控制装置，炸弹上则设计有引信保险机构。

爆炸控制装置安装在飞机的挂弹装置上。每一个挂弹装置都装有爆炸控制装置，用于控制挂弹钩上的保险钢条的开放和闭合。当飞行员打开爆炸控制装置电门时，挂弹钩上的保险钢条挂钩处于闭合状态，投弹时保险钢条留在炸弹挂架上，引信可以解除保险，投下的炸弹能够爆炸。如果需要战斗机安全投弹或带弹着陆，飞行员可关闭爆炸控制装置电门，即使投弹，引信也无法解除保险，投下的炸弹无法爆炸，从而确保飞机安全或投弹安全。

飞机所挂载的炸弹或导弹需要由引信控制在预定时机爆炸。炸弹投下后，还要通过解脱机构解除引信保险，使炸弹在离开飞机一段距离后才会爆炸。引信解脱机构通常是旋翼装置，利用下落时的相对气流加速旋转脱落，为防止飞机高速投弹时引信解除保险时间太短，危及载机安全，炸弹上还设计有旋翼控制器，对引信的解脱机构进行控制。

由此可见，战斗机在炸弹的挂载和投弹环节设计有爆炸控制装置、引信解脱机构和解脱机构控制装置三重保险，保证战斗机带弹着陆时的安全。所以，战斗机在确有必要时可以带弹着陆，而且带弹着陆是有安全保证的。

米格-29 战斗机从甲板起飞

B-1 "枪骑兵" 轰炸机的弹舱

B-1 "枪骑兵" 战略轰炸机正在降落

→ 水上飞机如何从战列舰和巡洋舰上起飞和回收

二战时，战列舰和巡洋舰上携带的飞机多为水上飞机，主要用途为侦察和火炮校射。战列舰不像航母，是没有全通式甲板的，其携带的水上飞机在执行任务时，由战舰上的起重机将飞机吊到水面上，返回后，同样由起重机将飞机吊回舰上。

有些专门的航空战列舰安装有飞行甲板，比如在太平洋战争末期，日本联合舰队的序列之下加入了 2 艘独特的战舰，它们有着日本战列舰所特有的塔式桅楼，装备着 8 门巨炮，而同时却在舰部铺着平坦的飞行甲板。这两艘舰便是世界上独一无二的航空战列舰："伊势"号和"日向"号。它们的飞行甲板不比航母差多少，飞机可直接滑行起飞和降落。

但大多数战列舰和巡洋舰携带的是水上飞机和水上飞机弹射器。起飞时直接把飞机弹出去就行，回收时飞机在水面降落，战舰用吊机把它吊回来。

以二战时德国著名的"俾斯麦"战列舰为例，其装备的雷达作用距离为 25 千米，而其 380 毫米口径火炮射程可以超过 36 千米，如果没有水上飞机，其火力会受到严重限制。而其搭载的 Ar 196 水上飞机与舰体成 90°角弹射起飞，航程可达 1070 千米，可以持续留空 4 个小时，作战

半径 400 千米，能够
大大增加侦察范围，
并能矫正火炮弹着点，
提高火炮远距离射击
的精度。Ar 196 作为
德国水上主力舰艇的
标配，赢得了"海军
之眼"的称号。

海边停靠的 Ar 196 水上飞机

展出中的 Ar 196 水上飞机

→ 为何军用直升机大都采用索降，而不是直接降落

　　军用直升机是军方在运输物资中不能缺少的重要的装备，除了运输，直升机也可以带来火力上的支援。一般在直升机运送士兵的时候，士兵在下直升机的时候并没等直升机降落，而是在半空中直接就从直升机中伸出绳索，从绳索上滑下去。

目前直升机投送主要有两种手段，第一种是"半空快速垂降落地"，也就是我们所说的索降；第二种是"直升机触地"，也就是机降。一般来说，索降适用于人员的快速投送，先降落下来的人员可以快速组建出一个防御圈，从而保证整个投送过程的安全，同时直升机在高空中也能够随时随地应对突然发生的情况；机降多数是用于装备和物资的投送，一般来说适合比较稳固的阵地。

正常的直升机降落大概可以分为 4 个步骤：进场、减速、仰停、触地或悬停。这整个过程中，触地或悬停是最危险的时刻，尤其是触地，一般来说触地的机动性为 0；当然悬停也是非常危险的，因为它很容易受到地面火力的攻击。

对于运输直升机来说，进入战场，特别是突入到敌后就是一件很危险的事情，所以采用什么样的方式进行投送，还是要具体情况具体分析。

一般来说，首先从地形和地质等因素考虑。如果地表比较平坦，而且地质硬度也可以的话，则适合机降；但是如果降落的地点是沙漠、沼泽或者雪地，多数会选择使用索降方式。这是因为大量的浮雪和沙尘不仅会严重损坏发动机，而且会影响到飞行员的视线。如果对地形和地质情况不明，在高空观察可能无法准确判断，所以这时会选择索降的方式。另外，如果是进行编队飞行，这种情况对地形的要求更高，因为还需要考虑到相互影响。

其次就是要考虑战场环境。相对来说，直升机的防护是比较弱的，尤其是旋翼和尾翼。这两个部位在悬停或者降落期间是很容易受到攻击的，如果是城市战，危险系数将会更高，不管是重武器还是轻武器都会对其造成致命的威胁。所以如果要让直升机参与城市战争，那出动之前的预案和计划是少不了的。

最后还要考虑涡环状态对直升机的影响。在战场上，任何情况都有可能会发生，由于运输直升机的载重都比较大，如果下降的速率没有控制好，很有可能进入涡环，一旦出现这种情况将会造成更大的事故。所以如果是人员投放则会选择索降的方式，一旦索降完毕就可以立即拉升撤出危险区，比机降的优势大了不少。

AW101"灰背隼"直升机进行索降训练

士兵从 CH-47"支奴干"直升机上索降

CH-53 "海种马" 直升机进行机降

军用直升机为何可以在空中悬停

　　直升机是航空界非常常见的一款飞行器，而且相较于固定翼飞机，直升机起降不需要依赖机场跑道，并且可以做到空中悬停。不管是哪一款直升机，都无法摆脱对主旋翼的依赖。可以发现，直升机顶部会安装 1 个大型螺旋桨，而这就是直升机可以平地起飞的关键所在。如果仔细看，直升机旋翼结构非常复杂，不只存在双叶旋翼，也存在五叶旋翼，甚至还有更多的旋翼系统，但旋翼与传动杆之间必定会存在连接方式。

　　与固定翼飞机相比，直升机的升力主要靠旋翼提供，而固定翼飞机则靠机翼上下气流的速度差来形成升力，所以固定翼飞机必须借助跑道才能够起飞。在绝大多数没有机场跑道的环境下，直升机的运行相比固定翼飞机要方便许多。

　　直升机的旋翼不只顶部这一个，往往还会有一套尾桨。其实，直升机之所以能够实现悬停，靠的也是它，当主旋翼快速转动时，其传动轴也会传递给机身一个反作用力，可以将其称为扭矩，如果没有一个力去平衡扭矩，那么直升机机身也会跟着一起转动，这样一来，飞行员根本就无法有效地操控直升机，甚至基本安全都无从谈起，但有了尾桨的平衡，就可以让直升机平稳飞行，并且在精准的操作下实现稳定悬停。

不过世界上也存在一些没有尾桨的直升机，比如俄罗斯的卡-28反潜直升机就没有设计尾桨。那么它是如何抵消扭矩的呢？由于卡-28具有双层旋翼结构，所以两个旋翼朝着不同方向转动，也能够起到平衡扭矩的作用。而单旋翼直升机如果不设计尾翼，则可以通过尾部喷气装置来实现平衡扭矩。与带尾桨的直升机相比，无尾桨机型能够将机身长度缩短，所以更加方便在狭小空间内使用，比如舰载起降。

由于不需要机场，并且可以在目标上空长时间悬停，直升机除了军用外，目前还广泛应用于救援、治安、航拍以及运输等民用领域。

卡-28直升机在海上悬停

AH-1"眼镜蛇"直升机准备降落

第 5 章
电子设备篇

机载电子设备是安装在飞机上的各种雷达的总称，主要用于目标探测、火控、通信、导航、空中交通管制、引导与识别、电子对抗、信息综合与处理、座舱显示与控制、飞行控制与管理、发动机控制，以及飞行状态监控、检测、记录和报警等。

→ 概 述

机载电子设备是衡量飞机战术技术性能、先进性和整体作战效能的重要因素，具有体积小、重量轻、功耗低，耐振动、抗冲击、电磁兼容性好等特点。按其功能和用途主要可分为以下几类：

目标探测设备。包括雷达，航空管制应答机，敌我识别器，激光、红外和电视等光电探测装置及声呐等。

信息综合处理设备。包括任务计算机、大气数据计算机、机械电气监控处理机、外挂物管理计算机和数据总线等。

通信设备。包括短波和超短波电台、保密机、数据通信电台、机载卫星通信设备、数据传输引导设备和特种飞机装备的遥控、遥测装置等。

导航设备。包括米波和微波进场着陆、无线电罗盘、定向机、塔康、罗兰、奥米加、卫星等他备式导航设备，多普勒、惯性等自备式导航设备和各种组合导航系统。

电子对抗设备。包括电子侦察、威胁告警、有源和无源干扰、诱饵、反辐射装置等。

座舱显示和控制设备。包括显示控制处理计算机，平视显示、下视显示和头盔显示等综合显示器，以及各种航空仪表及信号装置，握杆操纵控制、正前方控制、航空电子启动、话音指令控制和显示器周边控制等装置。

20世纪初，飞机上开始安装中波电台。20世纪40年代，出现了通信、导航、雷达和电子对抗等多种机载电子设备。到了60年代，随着电子技术的不断发展，各种导航设备相继出现，不同体制的雷达和激光、红外线等光电技术得到应用，电子对抗设备获得全面发展，提高了飞机起降性能和导航精度，增加了探测手段，增强了空战、轰炸和生存能力。

20世纪70年代，随着大规模集成电路、计算机和数字技术、总线技术的发展，先后在飞机上出现了卫星通信、卫星全球定位、微波着陆、图像传输、多功能火控雷达等设备。航空电子综合技术也开始在飞机、直升机上应用，一些飞机上装备了综合火控系统或综合航空电子系统。

20世纪80年代，美国相继提出并发展了宝石柱、宝石台、联合先进攻击技术航电综合计划，旨在为21世纪的先进战斗机发展提供更为先进的航空电子系统，并首先在 F/A-22 和 F-35F 飞机上得到应用。这种新系统通过以光纤作为传输媒质的高速数据总线实现通用单元、功能区间的信息传输，实现了资源共享、互为余度、系统重构，功能更强，效能和可靠性更高。随着高速微处理器、单片微波集成电路、专家系统和人工智能的发展，以及射频元器件、相控阵和共形天线方面的技术进步，机载电子设备将向信息融合的更高程度和智能化方向发展。

电子飞行仪表系统

无线电罗盘组件

F/A-18 "大黄蜂" 战斗攻击机上的平视显示器

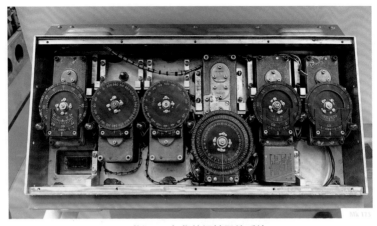

20 世纪 50 年代的惯性导航系统

→ 军用飞机如何防范雷电伤害

云层天气变化无常，军用飞机需要在各个高度执行任务，难免遇到雷电。有关资料显示，在固定航线上飞行的飞机平均每年都会遭受一次雷击。20 世纪 70 年代，美国平均每年有一架战斗机毁于雷电。由于飞机整机由高强度金属组成，极易导电。而一旦被雷电击中，飞机将遭受严重的破坏，重则击穿破裂，轻则受损变形，这对极速飞行的战斗机是十分危险的。而且飞机上搭载的各类高精度电子仪器设备也会受到影响。所以军用飞机防雷是一大重点。

飞机上的防雷系统可分为两类。一类是飞机在停放时配置使用的，即在飞机机身安装一条避雷带，与地面连接。因为飞机停放在陆地上，其实质类同于地面的建筑物，同样要安装避雷装置。最好的防雷击方法是把飞机停放在安装了防雷系统的停机坪内。如果必须停放在停机坪外，应安装一条专用的接地线，将飞机的机身与大地连接起来。

另一类是飞机在飞行状态中使用的，该配置包括气象雷达等雷暴预报系统，它能告知飞行员前方的天气变化，让飞行员有充足的时间做好预防措施或远离雷暴云带。加上地面的气象预报，飞行员只要正确操纵，绕过或迅速脱离雷雨区是很容易办到的事情。另外，飞机上还安装了避雷器,当飞机在避无可避的情况下,不得不穿行于雷雨区时,避雷器会把飞机遭遇的雷电流分流到机身外,并引导雷电释放到天空中。从而避免油缸及机上控制、通信设备遭受破坏,保障机上的乘员以及飞机本身的安全。

飞机的防雷技术在不断进步,不断发展,今天世界上对飞机防雷性能提出的技术标准越来越严格,尤其是对现代的军用飞机。由于在战争状态下,用于军事斗争的飞机往往没条件像民航飞机那样,从容改变飞行高度、路线,绕道避开雷雨区,所以对军用飞机的防雷技术要求更高。另外,假如能够增强军用飞机的避雷性能,则意味着其抗电子干扰性能也有了相应的提高,其军用技术级别也有了实质上的提升,所以军用飞机的防雷击系统是相当先进的,它们在设计时已做了周密的考虑。

在设计军用飞机时,往往把飞机机身分成若干个雷击性质相近的破坏区域,根据各雷击破坏区域的可能被破坏情况,决定飞机上的一些电子仪器适宜安装在哪个位置,以利于远离雷电过压突波可能造成的破坏。美国联邦航空局制定的联邦航空条例规定,飞机必须能够承受灾难级闪电的袭击,在任何可预见的情况下,飞机的设备、系统都能发挥其基本功用,必须保障"飞机遭雷击后,无论其损坏部分是电机设备、电子仪器或机身结构,都不可以影响飞机继续安全飞行"。因此,必须对飞机紧急系统及仪器采取额外的保护。条例中提出重点保护的电子仪器有引擎参数仪表、飞翼防冰系统、电源、燃油流动仪表、航空仪器、警告灯电源、通信系统、导航系统、引擎火警警报系统等。

美国联邦航空条例的这一规定,已被世界航空制造业普遍认同,例如战斗机必须达到这一标准方可进入英国、德国、意大利、西班牙等国的军队服役。

F-35 "闪电 II" 战斗机在雨天准备飞行

下雨天气停放的 F-22 "猛禽" 战斗机

→ 军用飞机如何调节座舱温度

军用飞机的作战环境复杂多变，飞行员面临的身心考验更加严峻。所以，军用飞机的座舱通常都有温度调节功能，但并非通过一般意义上的空调来实现。

飞机发明前，人们就已经通过气球试验认识到高空稀薄的空气对人体的危害。20 世纪 30 年代中期，飞机座舱增压和空气调节技术得到迅速发展。时至今日，军用飞机大多配备了完善的环境控制系统，即保证飞机座舱和设备舱内具有乘员和设备正常工作所需的适当环境条件的整套装置。环境控制系统以控制座舱和设备舱的压力和温度为主，它包括座舱供气、空气分配、座舱压力控制、温度控制和湿度控制等。

座舱供气

座舱供气系统是座舱增压和空气调节的气源，主要功用是使舱内气压高于大气环境气压并保持舱内空气清洁。增压气源主要有两种类型。一种是以发动机压气机出口引出的增压空气作为供气源，其优点是简单、可靠，已得到广泛应用；另一种是采用专门的座舱增压器，从周围大气中直接吸入空气，经增压后供气，可用飞机动力装置机械传动、空气涡轮传动和液压传动等方式。座舱增压器在现代飞机上已很少使用。为确保座舱供气可靠，在多发动机飞机上一般从 2 台或 2 台以上发动机引气，以构成 2 个以上的独立增压气源。

空气分配

空气分配系统使调温空气流入并分布于舱内，在舱内造成合适的温度和速度分布，以保证舱内的舒适环境条件。通风空气由空气分配系统的供气喷嘴流入座舱，在舱内流动和通风换气，最后从排气口流出座舱。

座舱压力控制

实现座舱压力控制的主要装置是座舱压力调节器，它由控制器和排气活门（执行机构）等组成。它的功用是使座舱的绝对压力按预定的规律随飞行高度而变化。这种变化规律也称座舱压力制度。这种制度通常因飞机类型而异。压力调节器的另一功用是使座舱压力变化速度保持在适当的范围内。此外，飞机还有一些应急装置，用于在压力调节器失效或其他必要情况下控制座舱压力，保证飞行安全。现代飞机的气密座舱并非绝对气密。座舱由供气装置供气，由排气活门和座舱结构缝隙排气，当供气量与排气量相等时座舱压力维持不变。座舱压力调节器分为气动式、电子气动式和电子电动式等几种类型。战斗机上多采用气动式，运输机则广泛使用电子气动式或电子电动式。更先进的是微处理机控制的数字电动式座舱压力自动控制系统。

温度控制

温度控制系统合理地控制热空气和冷空气，对座舱的热载荷进行平衡，以达到控制座舱温度的目的。热空气通常可直接从发动机压气机引出，冷空气由飞机制冷系统提供。低温冷空气与高温热空气经过温控装置适当混合后，送入座舱或设备舱，以保持需要的温度。座舱温度调定后通常由温控装置自动控制，必要时也可以人工调节。现代飞机机载电子设备日益增加，也会产生大量的热，这不仅使电子设备的温度环境恶化，对座舱温度也有很大的影

F-15 "鹰" 战斗机驾驶舱特写

响，因此必须对电子设备进行冷却。电子设备的冷却，因消耗功率大，要求条件高，是飞机座舱温度控制中的一个重要问题。随着战斗机座舱热载荷的增加，除座舱空调外，飞行员还可穿着具有热调节功能的通风服或液冷服，直接保持适宜的温度。

湿度控制

湿度控制系统可对空气进行增湿或减湿，以保持座舱空气具有适宜的湿度。舱内空气太干燥会使乘员感到不适；舱内空气湿度过大会使空调系统结冰，舱内出现滴水和雾气，会使座舱玻璃结雾并影响电子设备。舱温保持在 15 ~ 26℃范围时，空气湿度变化对人体影响不大。所以大多数军用飞机对空气湿度不进行控制。但环境控制系统一般都有除湿装置，以除去制冷系统产生的水分。

阵风战斗机驾驶舱特写

→ 军用飞机也有"黑匣子"吗

黑匣子是飞机专用的电子记录设备之一，里面装有飞行数据记录器和驾驶舱话音记录器，飞机各机械部位和电子仪器仪表都装有传感器与之相连。飞机通电后，黑匣子将自动启动工作，记录飞机相关系统运行和状态信息、飞行人员操作信息以及机上相关音视频信息，不受人员控制。黑匣子能把飞机停止工作或失事坠毁前半小时的有关技术参数和驾驶舱内的声音记录下来，需要时把所记录的参数重新放出来，供飞行实验、事故分析之用。

事实上，最早利用黑匣子的就是军用飞机。1908 年，美国发生了第一起军用飞机事故。以后，随着飞行事故的增加，迫切需要有一种研究事故发生原因的仪器。二战时，飞行记录仪正式在军用飞机上使用。而现代广泛使用的黑匣子直到 1953 年才出现——澳大利亚工程师大卫·沃伦在这一年研制出了黑匣子的雏形。1954 年，他发表了相关报告。不过，这种新兴设备却不受澳大利亚航空公司的欢迎，澳大利亚空军认为它"无助于解释事故的原因"。1958 年，一位英国空军的官员找到了沃伦。随后，黑匣子受到了英国空军的重视，英国人开始资助沃伦生产黑匣子。

1960 年 6 月 10 日，泛澳航空 538 号航班（机型为福克 F-27）抵达昆士兰州麦凯时坠毁，29 人死亡。调查人员进行了几个月的调查研究后依旧无法确定事故的真正原因。于是，他们给出了"在福克 F-27 及更大尺寸的载客飞机上配备飞行数据记录器"的建议。之后，澳大利亚强制要求军民用飞机安装黑匣子。1972 年，美国空军也做出军用飞机上安装黑匣子的规定。此后，黑匣子在全球航空业得到了普遍运用，成为所有商用飞机和多数军用飞机的标准配置。如今，黑匣子的记录介质也从磁带式改进成为能承受更大冲击的静态存储记录仪，类似于计算机里的存储芯片，防止黑匣子在空难中遭到损坏。

黑匣子的外壳由很厚的钢板和许多层绝热防冲击抗压保护材料制成。黑匣子通常安装在飞机尾部最安全的部位，以使飞机坠毁时对其的破坏降到最低。作为一种事关飞行安全的重要航空电子设备，黑匣子具有抗强冲击、抗穿透、抗高温火烧、抗深海压力、耐海水浸泡、耐腐蚀性液体浸泡等特种防护能力，能在各种飞机事故中保存其内部存储的信息。为了便于人们更容易寻找到掉落的记录仪，它们的外壳都被刷成了鲜亮的橘红色，外部还裹上了反射条带。就算它在大海里漂浮，搜寻飞机也能远远地发现它。

常见的飞机"黑匣子"

苏 -24 战斗轰炸机的"黑匣子"

→ 军用飞机如何为机载设备供电

军用飞机上的机载设备耗电量巨大，这些设备关系到飞机的作战能力和生存能力，一旦出现故障或供电不足，后果将无法想象。因此，军用飞机通常都配备了完善的电源系统。

一般来说，军用飞机电源系统由主电源、应急电源和二次电源组成，有时还包括辅助电源。主电源由航空发动机传动的发电机、电源控制保护设备等构成，在飞行中供电。当航空发动机不工作时（如地面测试时），主电源也不工作，这时靠辅助电源供电。飞机蓄电池或辅助动力装置（一种由小型机载发动机、发电机和液压泵等构成的动力装置）是常用的辅助电源。飞行中，当主电源发生故障时，蓄电池或应急发电机即成为应急电源。二次电源是将主电源电能变换为另一种形式或规格的电能的装置，用以满足不同用电设备的需要。

自飞机诞生以来，其电源系统经历了低压直流、交流、高压直流的发展过程，其中交流电源分为恒速恒频、变速恒频、变速变频系统。

低压直流电源系统

自 1914 年飞机上第一次使用航空直流发电机以来，飞机直流电源系统经历了几十年的发展过程，其额定电压由 6 伏、12 伏逐步发展为 28 伏的低压直流电源系统，一直沿用至今。在低压直流电源系统中，主电源由并激式直流发电机、电压调节器、反流切断器和过电压保护器等构成。额定电压为 28 伏，额定功率有 3、6、9、12 和 18 千瓦等数种。由变流机或静止变流器把低压直流电变换为交流电作为二次电源。

交流电源系统

在交流电源系统中，恒速恒频系统的主电源是由恒速传动装置和交流发电机构成的 400 赫、115/200 伏三相交流电源系统。额定容量有 20、30、40、60、90、120 和 150 千伏安等几种。它用变压整流器做二次电源，应急电源由飞机蓄电池或应急交流发电机构成。有的飞机上还有辅助动力装置作为辅助电源。这种电源系统容量大、重量轻、工作可靠，适合于性能高、用电量大的飞机，如轰炸机、中远程运输机和战斗机等。飞机交流电的频率是 400 赫，比一般市电频率高得多。电源频率高可减小用电设备中的变压器、扼流圈和滤波电容等电磁和电气元件的体积；电动机转速高、重量轻，能满足陀螺仪等高速电动机的要求。频率与发电机的转速有关，受电机结构、强度、损耗和寿命等因素的限制。飞机上多用三相交流电，因为三相系统的电机利用率高、体积小，异步电动机的工作也可靠。

变速恒频系统是由航空发动机直接传动的无刷交流发动机和频率变换器构成主电源的 400 赫三相交流电源系统。二次电源、应急电源和辅助电源与恒速恒频系统的相同，恒速恒频系统中的恒速传动装置属精度机械，使用维护困难，制造成本较高，自从 20 世纪 50 年代末功率半导体器件出现以后，人们开始研究用电子变频器来代替。变频器有两种：一种是交—直—交型；另一种是交—交型。交—直—交型先将发电机的变频交流电经整流电路变为直流电，再用逆变器变为 400 赫交流电，故这种电源系统又称为具有直流环节的变速恒频电源系统。交—交变频器直接将发电机产生的多相变频交流电切换成 400 赫三相交流电。1972 年，第一套 20 千伏安变速恒频交流电源装机使用，主要用在先进的战斗机上。这种电源系统电能质量高，运动部件少，使用、维护方便，可以构成无刷起动 / 发电双功能系统。

变速变频系统是最早在飞机上使用的交流电源系统，主要用于装有涡轮螺旋桨发动机和涡轮轴发动机的飞机或直升机上。在变速变频系统中，交流发电机是由发动机通过减速器直接驱动的，因而输出的交流电频率随发动机转速的变化而变化。

有的军用飞机采用了混合电源系统，即由低压直流电源和变频交流（有时为恒频交流）电源构成主电源。应急电源用蓄电池，二次电源用变流机或静止变流器。某些运输机和直升机上加温和防冰等设备用电量很大，它们的工作与电源频率无关，可以使用变频交流电。某些飞机上用恒频交流电的设备较多，则使用由恒频交流电源系统和低压直流电源系统构成的混合电源系统。

高压直流电源系统

随着功率电子器件、大规模集成电路和稀土永磁材料的发展，20 世纪 70 年代开始研制额定电压为 270 伏的高压直流电源系统。这种电源系统兼有低压直流电源系统和交流电源系统的优点：效率高，重量轻，并联和配电简便，易实现不中断供电，抗干扰能力强，不需要恒速传动装置，因而简单、经济、维护方便。但这种系统的电路开关器件、电能变换装置、功率转换装置及无刷直流电动机比较复杂。

AC-130 攻击机的侦察设备操作员正在进行飞行前的检查

F-111"土豚"战斗轰炸机夜间电子设备

苏 -34 战斗轰炸机驾驶舱特写

→ 军用飞机的电传操纵系统有什么优点

随着电子技术的发展和军用飞机性能的不断提高，飞机的操纵系统也发生了巨大的变化，传统的操纵杆系统和钢索已被电线取代，即飞行员操纵飞机依靠装在驾驶杆处的传感器将杆力或杆位移转换成电信号，通过电线传到舵机以驱动控制面偏转，达到操纵飞机的目的，这就是电传操纵系统。电传操纵系统的可靠性比传统的机械操纵系统好得多，系统的能力产生了质的飞跃。具体来说，电传操纵系统主要有以下几个优点。

（1）放宽静稳定度。现代战斗机的速度范围很广，尤其飞机从亚音速到超音速飞行时飞机的焦点急剧向后移动。为了确保低速起飞与着陆有足够的纵向静稳定度，就必然会使高速飞行时的纵向静稳定度过大，其结果是使飞机的机动能力大为降低。同时，飞机的配平阻力增加，持续盘旋过载能力降低。电传操纵系统的发展，将飞机设计成在低速飞行时具有一定的纵向静不稳定度，就可以使高速状态的静稳定度保持在比较小的量值，从而可以显著改善飞机的机动性，减小配平阻力以及提高飞机的敏捷性。

（2）改善飞机飞行品质。第二代飞机的主要操纵系统由拉杆与摇臂等机械部件构成，所以飞机的飞行品质就主要取决于飞机的气动布局。以往的设计主要是根据飞机的战术性能来确定气动外形，只能根据已选定的气动外形与总体布局去确定飞机的飞行品质，所以过去的飞机很少有能全面满足规范要求的。虽然增稳系统、控制增稳系统兼顾了飞机的稳定性和操纵性，但系统的舵面权限比较小，因此它的作用是很有限的。电传操纵系统是全权限，飞行员的指令与反馈通道信号综合形成主通道控制指令，综合设计反馈通道与主通道可以很好地协调飞机的操纵性与稳定性。此外，反馈通道与主通道的增益可以随迎角、马赫数和动压而调参，这就能在全包线范围内，不管什么高度和速度，基本上满足一级品质要求，这是以往的飞机所不能达到的。

（3）迎角限制器。对于非电传飞机，当飞行在低速状态时，飞行员要很谨慎地去操纵飞机，使之不超过危险的迎角，这往往使飞机的机动性能得不到最大限度的发挥。对于电传飞机，可以根据飞机的大迎角气动力特性确定出最大使用迎角，然后设计迎角限制器，使得飞行员在接近最大迎角区域飞行并进行最大组合操纵也不会超出最大使用迎角。这样，飞行员可以毫无顾虑地操纵飞机，从而可以最大限度地发挥飞机的机动能力。

此外，电传操纵系统还具有自动配平、自动协调滚转角度、边界控制、提高战伤生存力等优点，电传操纵系统由于没有机械系统，重量轻、体积小，操纵中没有因摩擦引起的滞后，可减少维修量，而且还可以通过阵风减载、机动载荷控制、机翼和机身结构振型的阻尼及颤振抑制等主动控制技术提高飞机的性能。

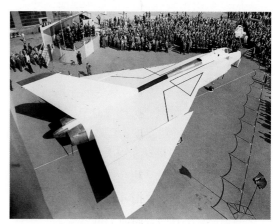

第一架配备电传操纵系统的非实验飞机

配备绿色电传操纵系统和阿波罗制导计算机的 F-8 "十字军" 战斗机

→ 战斗机如何区分敌我

现代战斗机携载的武器杀伤威力很大。因此，战斗机作战时必须在准确识别目标的敌我属性之后，才能发射空空导弹或空地导弹对目标进行攻击。由于战斗机的飞行速度很快，单靠飞行员肉眼识别目标的敌我属性难度很大，而且现代战争有很多战斗行动发生在夜间或复杂气象条件下，肉眼识别目标属性不仅会受到很大的限制，而且准确性很低。因此，现代战争中战斗机飞行员大都以程序性措施和技术性措施为主、目视识别为辅进行敌我识别。

程序性敌我识别措施是战斗发起之前在任务命令中预先做出规定，并向所有参战部队下达执行。程序性敌我识别措施主要规定了己方飞机执行任务时的时间、高度、区域、通道、界线，以及无线电通信中断或故障情况下的识别信号。

技术性识别措施又称主动识别措施。技术性识别措施包括数据链、敌我识别器等。己方数据链的入网用户都属于己方目标，在战斗机座舱内多功能显示器数据链画面上可以显示出空中目标的入网标志，以此可判明目标的属性。战斗机机载雷达发现空中目标后，敌我识别器会发射识别信号，如果对方应答，则表明其为己方飞机；无应答则为敌方飞机。实际作战中，会出现电子干扰和应答机工作稳定性的问题，往往会多次发射识别信号，用应答的概率来确定目标属性。

由于飞机的机动性很强，作战飞机在特殊条件下会出现违反程序性敌我识别措施的情况；同时，由于干扰、故障或战伤，技术性识别措施也可能失效。例如，美国空军 1994 年在伊拉克北部禁飞时，发现 2 架直升机，在程序性识别和主动识别措施都判定为敌机之后，2 架 F-15C 战斗机轮番上阵，将目标击落；但这 2 架直升机实际上却是美国陆军的 UH-60 通用直升机，造成一起严重的误击事故。所以，作战中为防止误击，战斗机通常综合采取多种敌我识别措施，以提高识别目标的准确性。

飞机上配备的敌我识别系统

技术人员正在测试敌我识别器

美国海军技术人员测试敌我识别器

→ 战斗机明明装有雷达，为何还要预警机

随着世界军事技术的不断发展，航母已经成为世界各国不可或缺的重要武器装备。到目前为止，世界上拥有航母的国家不在少数，但是各国航母之间的战斗力却天差地别。航母的战斗力其实和航母自身性能关系不是很大，决定航母最终战斗力的还是航母的舰载机。比如，就算航母吨位之间相差很多，但是只要能够起飞同样数量的战斗机，所能造成的威胁就是相同的。不过和战斗机相比，舰载雷达预警机的作用更加重要。

就目前的世界军事体系而言，预警机已经成了军队的眼睛，尤其是在海上进行空中战斗的时候，预警机更加不可替代。战斗机自身是装有雷达系统的，再加上航母上的雷达探索系统，已足够强大，但为何现代战场还需要预警机进行支援？众所周知，地球作为一个球体，其表面是有曲率的，在这种情况下，因为工作原理的原因，地面雷达系统即使再强大，也有一定的受限范围，地球表面弧线会导致地面雷达探索存在盲区，因为这一情况，战斗机超低空突防的战术才被研究出来。

除了受地球曲率的影响之外，地面雷达系统还会受到地形、山脉、磁场等因素的干扰，于是预警机的作用开始被显现出来。因为在高空工作，所以预警机上的雷达系统可以在很大程度上克服地球曲率以及复杂地形所带来的影响。这样一来，和地面雷达系统相比，预警机的雷达系统可以看得更远，并且探测距离大大增加。所以说预警机在现代军事中已经具有不可替代的重要作用，比如，美军的航母在执行任务的时候，宁愿少带两架战斗机，也要保证预警机的数量，毫不夸张地说，预警机就是航母的战力"倍增器"。而且战斗机进行空中作战往往是为了出其不意攻其不备，但是一旦战斗机开启雷达系统，很大程度上会被地方雷达系统侦测到，从而暴露自身位置，这对空战非常不利；而有了预警机的支持，战斗机就可以保持雷达静默，在预警机的指挥下做到出其不意。

E-2 "鹰眼" 预警机正在着舰

卡 -31 预警直升机

E-767 空中预警机侧前方视角

→ 战斗机是如何知道自己被导弹锁定的

战斗机在空中作战中不可避免会面临敌方空空导弹和地空导弹的威胁。战斗机飞行员应对敌方空空导弹和地空导弹威胁的办法主要是进行大过载的机动、使用干扰及施放诱饵。但在什么时机进行机动、向什么方向机动、什么时候施放干扰或诱饵，则取决于飞行员对所面临威胁的感知情况，其中关键就是要知道本机是否被敌方导弹锁定。

空空导弹和地空导弹有两类制导方式：雷达制导和红外制导。绝大多数雷达制导导弹的射程要远于红外制导导弹，所以感知导弹威胁的重点也是针对雷达制导导弹。

制导雷达有搜索和跟踪两种工作状态，在导弹攻击空中目标时，制导雷达需要从搜索状态转入跟踪状态，判断对本机照射的制导雷达的工作状态，就能判断出本机所面临导弹威胁的程度。

战斗机上目前装备了雷达告警系统（RWR），可侦测照射雷达的工作状态和方向，显示在电子战显示器上供飞行员判断。如果照射雷达处在跟踪状态，告警系统则会以画面和语音形式向飞行员警示威胁类型、方向和概略距离，飞行员即可进行机动规避并自动采取干扰措施，如施放干扰箔条或投放射频诱饵，诱骗来袭导弹。

对红外制导导弹的锁定告警，雷达告警系统就不起作用了。现在主要是靠分布式孔径光电系统（DAS）或紫外告警系统来解决红外导弹的锁定告警，但通常距离比较近。特别是紫外告警系统，它是靠探测导弹发动机的尾焰来感知导弹锁定威胁的，故也称导弹逼近告警系统，它也能用画面和语音向飞行员提示威胁，并控制投放红外干扰弹诱骗来袭导弹。

米格-29 战斗机机头装有分布式孔径光电系统

位于机身侧面的雷达告警系统

二战中的战斗机是如何对目标进行瞄准的

二战时期，战斗机的空空武器是机枪或航炮，需要射出的弹丸直接命中目标，才能将目标击落。由于空战中，攻击机和目标机都处于运动状态，机枪或航炮的瞄准非常关键，而且着重需要解决以下几个方面的问题：一是对目标的攻击要准确，需要测定攻击机与目标机的距离和相对方位角；二是弹丸在空中要飞行一段距离，受弹丸的重力影响，弹道会下降，瞄准时就要根据距离的远近，确定适当的抬高角；三是追踪目标时，需要根据目标的运动确定射击的提前量。

　　二战时期战斗机的射击瞄准具主要有两类，一类是固定式光学瞄准具，另一类是陀螺式光学瞄准具。

　　固定式光学瞄准具在透镜上产生若干个同心光环，每一个同心光环相当于飞行员对目标的观察角，这种瞄准具也称固定光环瞄准具。射击时，飞行员操纵飞机跟踪目标，透过固定光环瞄准目标，根据目标机的翼展在光环上所在的位置，就可以确定目标机与攻击机之间的距离；根据距离，可以确定瞄准的抬高角；再根据目标机的运动方向确定瞄准的提前量。在条件均满足时，即可对目标射击。

　　陀螺式光学瞄准具也称为活动光环瞄准具，其中光环部分的原理与固定式光学瞄准具相同，但其核心部件是陀螺测量机构，利用了陀螺稳定和进动原理。在跟踪瞄准过程中，飞行员只要将活动光环的环心始终对准目标的中心或要害部位，跟好目标，光环就可以根据目标线角速度，测量并构成相应的瞄准提前角，这种能力是固定式光学瞄准具所不具备的。

　　美国的 P-51 "野马" 战斗机和日本的 A-6M "零" 式战斗机都是第二次世界大战中著名的战斗机，但 P-51 "野马" 战斗机是二战后期装备美国陆军航空兵的主战战斗机。日本的 A-6M "零" 式战斗机主要采用固定式光学瞄准具，而美国的 P-51 "野马" 战斗机已经采用了陀螺式光学瞄准具，所以从瞄准方法上看，美国的 P-51 "野马" 战斗机就已经占有一定的优势。

飞行中的 P-51 "野马" 战斗机

A-6M "零" 式战斗机正在起飞

→ 空中预警指挥机的通信系统具备哪些能力

空中预警指挥机是现代空中战场的情报与指挥控制枢纽。在没有空中预警指挥机的情况下，空中飞机执行作战任务只能依靠地面指挥控制中心的概略或精确引导进入战区，再由本机传感器搜索发现并跟踪目标，最后对目标实施攻击。在这个交战的过程中，空中飞机与地面指挥控制中心的通信联络至关重要。由于受地球曲率的影响，地面与空中之间的通信距离有限（根据飞行高度的不同，一般最远为450千米），所以要进行远程空中作战，就需要有空中预警指挥机。

空中预警指挥机在功能上相当于升空的地面雷达站、技术侦察情报中心和指挥控制中心。由于空中预警指挥机在高空飞行，相当于把雷达天线和技术侦察设备架设在几千米甚至上万米的高度，雷达探测和技术侦察的范围很大，预警探测和技术侦察的效率大幅度提高。在这种情况下，将空中预警指挥机所获取的雷达空情和无线电技术侦察情报传递出去，与其他作战单元或指控节点共享就显得至关重要，所以空中预警指挥机上都装备有多种类型的通信系统。

空中预警指挥机上的通信系统包括以下几个部分。一是卫星通信系统，具有通信距离远、覆盖范围广、通信容量大、组网灵活方便等突出特点，可弥补超视距通信时短波通信的不足，解决了空中预警机远程作战时与陆基指挥控制中心的通信联络问题。二是数据链通信系统，可实现空中、地面、海上战术数据系统之间的数据信息交换。数据链可以形成端点对端点数据通信链路和网状数据通信链路，实现网内共享战场态势，具有一点发现、网内皆知的功能，可使作战飞机及时掌握全局态势信息，并能进行敌我识别，传递指令，对作战单元进行数据指挥引导与攻击控制。三是话音通信系统。话音通信是空中预警机进行指挥引导时最常用的通信方式，有短波和超短波两类。其中，短波话音通信主要用于超视距通信，超短波话音通信主要用于视距战术通信。四是机内通话系统，主要用于飞行机组内部、任务组内部以及飞行机组与任务之间的通信，便于在机上执行任务期间相互之间进行协调。

E-8 "联合星" 指挥机上方视角

E-3 "望楼" 预警机准备起飞　　　E-8 "联合星" 指挥机机组人员准备飞行

→ 各国战斗机雷达的发展现状是怎样的

不管未来战争样式如何变化，能否掌握制空权对战争的进程和结局都会产生重大影响。在夺取空中优势、摧毁敌方武力、实施战略威慑与战争制胜过程中，空中战鹰——战斗机发挥的重要作用是不言而喻的。而战斗机正是凭借其"火眼金睛"——雷达，占尽先机，达到"先敌发现、先敌打击、先敌摧毁、先敌制胜"的目的。

从二战时期雷达产生至今，战斗机雷达的设计、功用和性能都已大为改观。目前先进战斗机雷达多采用有源电扫阵列（AESA）技术。AESA 具有诸多优势，包括无须转动天线即可增大视场、多任务模式之间可快速切换、"适应性降级"、确保获得最大空 / 海 / 地态势感知等，因此在今后一段时间内仍将是战斗机雷达的主导技术。不过，相比传统机械扫描雷达，AESA 雷达价格较为昂贵，因而在军费紧张的情况下，机械扫描雷达仍有相当大的吸引力。

战斗机雷达的频段通常选择 X 波段。这是因为，在雷达设计中，很难找到适用海、陆、空所有环境的完美方案，其频率选择通常需要折中权衡考虑，而其中一个重要考虑因素则是大气水分（湿度）对雷达射频能量的影响，因为它会降低雷达性能。相对而言，X 波段对大气湿度有良好的穿透性，因此独具优势。同时，X 波段天线尺寸灵活，可安装在飞机前端，不会影响战斗机性能。此外，X 波段雷达的监视范围在 185.2 千米以上，有助于战斗机在远距离上准确探测和识别目标。

近年来，全球战斗机雷达持续蓬勃发展。在各国战斗机现代化计划推动下，战斗机雷达新技术层出不穷，更新换代势头不减。

欧洲雷达行业"三巨头"——欧洲雷达联合体、塞莱斯公司和泰利斯公司，分别为欧洲空中"三雄"——欧洲"台风"、法国达索"阵风"及瑞典萨博 JAS-39"鹰狮"战斗机提供 CAPTOR-E、ES-05 和 RBE-2 雷达。

CAPTOR-E 由欧洲雷达联合体研制生产，其最引人注目的设计特点之一是未采用固定阵天线形式，而是采用了称为"旋转斜盘"的独特倾转大天线阵面。其 AESA 天线可在多个方向倾斜俯仰，使台风战斗机雷达视场在 120° 以上；同时还降低了雷达旁瓣信号。CAPTOR-E 目前尚在开发测试中，它将装备德国、西班牙和英国的"台风"Tranche-3 战斗机，取代现役"台风"装备的老款 CAPTOR 机扫阵雷达。

ES-05"大乌鸦"AESA 雷达同样采用"旋转斜盘"设计，由塞莱斯公司研制，工作频段为 X 波段，主要装备巴西和瑞典空军的萨博新型 JAS-39E"鹰狮"战斗机。另外，JAS-39C/D"鹰狮"也配装萨博公司的 PS-05A Mk. Ⅳ 雷达。该雷达由 PS-05A Mk. Ⅲ 型发展而来，其目标探测距离有大幅增加，相当于Ⅲ型的 150% 左右。此外，对直升机和低截获概率目标的探测能力也有所增强。该雷达采用新型后端，包含激励器和处理器。但为了降低成本，Ⅳ型仍保留了Ⅲ型的机扫天线。新型雷达将为 JAS-39C/D"鹰狮"战斗机的机载武器——包括 AIM-120 先进中程空空导弹、"流星"空空导弹、"麻雀"空空导弹、"响尾蛇"空空导弹等，提供精确的目标指示。该雷达除了装备瑞典皇家空军外，同时也成为外销型 JAS-39C/D"鹰狮"战斗机用户专用的配套装备。

RBE-2 是欧洲服役的第一部 AESA 雷达，由泰利斯公司研制，工作频段为 X 波段雷达，于 2014 年装备法国空、海军的"阵风"A/-B/-M 战斗机。该雷达可实施同步空空和空地目标指示、地形跟踪和规避，并可扫描超低空掠海飞行目标，其开放式体系架构可供雷达进行后续升级。

俄罗斯的军事电子系统研制设计向来独树一帜。近年来，通过广泛开展国际合作，俄罗斯军工电子和元器件技术进展迅速。其战斗机雷达的设计单位主要包括法扎特龙研究所和季霍米洛夫仪器制造研究所，为俄空军米格 -29/35、苏 -27/30/35 以及最新 T-50 战斗机提供"甲虫"、N-001V"剑"、N Ⅱ PN036"松鼠"等先进雷达。

全球战斗机雷达市场空前活跃，凸显出各国对这一设备的强烈需求。第五代战斗机及之后的新一代战斗机将装备更为先进的雷达，凭借锐利之"眼"继续保持空中优势。

安装在"光辉"战斗机上的 AESA 雷达

F-35 "闪电 II"战斗机配备的 AESA 雷达　安装在"阵风"战斗机上的 RBE-2 雷达

→ 战斗机如何实现红外隐形

作为雷达探测的补充，红外探测器是远程探测战斗机的另一种重要手段。随着光电技术的飞速发展，重视红外探测的军事强国越来越多。因此，战斗机隐形技术的一项重要工作就是提高自己反红外探测的能力，也就是红外隐形技术。

所谓的红外隐形技术，就是利用屏蔽、低发射率涂料、热抑制等措施，降低或改变目标的红外辐射特征，即降低目标的红外辐射强度与特性，从而实现目标的低可探测性。这可通过改进结构设计和应用红外物理原理来衰减、吸收目标的红外辐射能量，使红外探测设备难以探测到目标。目前，抑制战斗机红外辐射的方法主要有以下几种。

第一，要改变战斗机本身的红外辐射特征，即改变本身的红外辐射波段，使战斗机辐射波段处于红外探测装置的探测频段之外，使其失效以达到隐形目的。

第二，模拟背景的红外辐射特征，使战斗机与背景的红外辐射分布状态相协调，成为整个背景红外辐射图像的一部分。或采用红外辐射变形技术，通过改变战斗机各部分红外辐射的相对值和相对位置来改变战斗机易被红外成像系统识别的特定红外图像特征，从而使敌方难以识别。

第三，降低战斗机红外辐射强度，即降低其与背景的热对比度。其主要是通过降低辐射体的温度和采用有效涂料来减小战斗机的辐射功率，使敌方红外探测器接收不到足够的能量，降低被发现、识别和跟踪的概率。

目前，战斗机采用的红外隐形技术主要有：在战斗机表面涂覆红外涂料，在涂料中加隔热和抗红外辐射成分，以抑制战斗机表面温度和抗红外辐射。采用闭合回路冷却系统，这是在隐形战斗机上普遍采用的措施。它能把座舱和机载电子设备等产生的热传给燃油，以减少战斗机的红外辐射。此外，还可采用局部冷却或隔热的方法来降低蒙皮温度，或采用蒙皮温度预热燃油的方法。

由于发动机的尾喷管和排气尾焰是红外探测器的主要红外源，因此要减少发动机尾喷管或排气口的红外辐射，目前已采用或正在研究的措施有以下几种。一是采用散热量小的发动机和红外特征小的结构布局。现代隐形战斗机大多采用无加力后燃室的涡轮风扇发动机，相对于涡轮喷气发动机具有噪声小、排气温度低、尾焰红外辐射强度低、节约能耗等优点。二是在燃烧室设计上不断完善燃烧技术，采用高效节能燃烧室，采用燃烧充分、雾化良好的气动喷嘴或蒸发式喷嘴。三是采用金属石棉夹层材料以及铝塑纸等各种隔热材料对发动机进行隔热。采用全长加力筒体隔热屏及延长发动机尾喷管并采用热保护层，或者将发动机深埋入机腹内等。四是采用发动机废气出口遮蔽法，如用发动机排气口周围的环形罩遮蔽红外辐射；在喷口附近安装排气挡板或红外吸收装置，或使战斗机采用大角度倾斜的尾翼遮挡红外辐射等。

实践证明，通过采用上述各项技术措施，可把战斗机的红外辐射抑制掉 90%，使敌方红外探测器从战斗机尾部探测的距离缩短为原来的 30%，甚至更小。

采用红外隐形材料的 B-2 "幽灵" 轰炸机

采用红外隐形材料的 F-117 "夜鹰" 战斗攻击机

→ 玻璃座舱如何提升战斗机的作战效率

在 20 世纪 40 年代第一代战斗机刚问世时，座舱内只有简单、耐用、廉价的航电设备。当飞行员执行低空高速任务时，完全依赖这些设备提供飞行和导航信息，但它们发挥的作用相当有限。20 世纪 50 年代第二代战斗机问世后，这些缺点就更加突出了。随着机载系统和仪表日益复杂，飞行员必须花费较多的时间低头查看，不仅影响他掌握战术态势的能力，更会危及低空飞行的安全性。

20 世纪 70 年代中期，战斗机座舱内的仪表和开关已经超过上百个，飞行员需要随时注意一大堆指针、符号，手忙脚乱的情况让人担心。美国主要的航空企业和国家航空航天局因而共同启动了座舱多功能显示器研究计划，把基本的飞机系统、飞行和战斗数据综合成显示器上的清晰易懂的图形和符号，最后出现了完整的"玻璃座舱"（Glass cockpit）概念。

时至今日，玻璃座舱已经是战斗机的标准设备，作为一种现代化的显示系统，它使用多功能显示器取代了几乎所有的传统仪表。老式座舱里繁多的样式不同、功能各异的机电指针仪表大多被取消，仅留下少数几个（如罗盘）供紧急备用。玻璃座舱仪表板上的大型计算机显示器不仅能显示虚拟仪表，还能根据飞行员的需要显示其他功能，如飞行规划、武器控制等，能大大减轻飞行员的工作负荷，因此玻璃座舱也被誉为战斗机座舱的革命性发展。

玻璃座舱内的重要设备包括抬头显示器、夜视系统、先进综合头盔系统、战术态势显示器等。与老式座舱相比，玻璃座舱使得飞行员无须环顾座舱四周的仪表，消化各仪表的片断信息，就能获知周围空域敌情以及机载传感器和武器的重要信息。

从航空业界全盘接受多功能显示器来看，就能知道玻璃座舱有多成功。这是因为飞行员对飞机和战术态势越了解，飞行就越安全，也越有效率。以图形方式显示的关键仪表，如高度计、姿态仪、速度表，不但容易阅读，维护成本也不像传统仪表那样昂贵。玻璃座舱的紧急备用和保障性能佳、重量轻，电力需求也比机电仪表少。

事实上，由于指针仪表的读值一目了然，所以玻璃座舱显示器大多忠实还原了它们的外观。所以就人机工程而言，玻璃座舱的主要优点不在于显示方式的改变，而在于在需要时才显示飞行和战斗信息。显示系统在飞行员要求时才会提供警告或警告信息，让飞行员的信息负荷大幅降低，飞行员仅需注意最重要的信息就行了。

第5章

苏 -34 战斗轰炸机正面视角

F-22 "猛禽" 战斗机玻璃座舱

苏 -27 "侧卫" 战斗机玻璃座舱

→ 战斗机被瞄准后，为何能及时发出警报

在实际战场上，一旦飞机遭到敌方导弹的威胁，飞行员就必须尽快采取机动和自卫干扰等防御措施，摆脱敌方导弹的攻击。这就需要有一种防御性装置，及时感知敌方导弹对本机的威胁，提示飞行员采取行动。这种防御性装置就是机载告警系统。

机载告警系统是向空勤人员通告机上各系统（包括动力装置）的告警信息、飞机外部环境的威胁告警信息，以及它们危及飞行安全的紧急程度的装置。机载告警系统一般由视觉告警装置、听觉告警装置和触觉告警装置（如失速告警系统）组成。告警信息一般分警告、注意与提示三级；也可以在上述三级的前后各细分出一级，形成危险、警告、注意、提示和状态这五级告警信息。三级体系中警告的紧急等级最高（五级体系中为危险），其他依序次之。其优先权用计算机进行逻辑管理。其中警告级（或危险级）告警是表明飞机已经出现危及飞行安全的状况，需要让空勤人员立即获得相关信息并马上采取紧急措施（如关掉故障发动机、启动灭火装置甚至弃机跳伞等）。

机载告警系统还可分为机载激光告警系统和机载红外告警系统。

机载激光告警系统是迅速探测激光威胁的存在，确定威胁源的方位、种类及工作特性，进行声光报警并通知相配合的武器系统进行对抗的一种基本光电武器，是光电火控系统的重要组成部分。激光告警系统主要由探测器和显示器两部分组成。探测器装在飞机外部，以接收激光辐射；显示器则装在座舱内，向乘员报警并提供威胁源的方位、种类及工作特性等信息。

机载红外告警系统是作战飞机自卫系统的组成部分。当空中出现红外威胁时，它能及时发现、识别威胁的类型，向机载飞行员告警，以利于飞行员采取相应措施，从而提高飞机的生存力。自 20 世纪 70 年代以来，美国在机载红外告警系统领域有了较明显的发展，从只能接收单一目标的、用于载机护尾的红外接收机发展到了具有综合告警能力的全向告警系统，进而发展为现代化综合自卫系统。

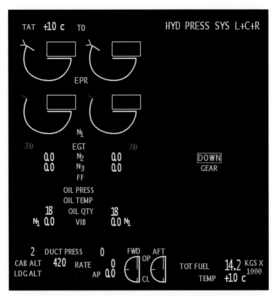

因受到导弹威胁，进而告知驾驶员启动机载告警系统

位于两发动机上方的导弹逼近告警系统

第6章
机载武器篇

机载武器是作战飞机的重要组成部分，是军用飞机、直升机上的武器和弹药、装挂和发射装置、火力控制系统构成的综合系统，其效能发挥与作战飞机及机载设备的性能息息相关。

→ 概 述

第一次世界大战揭开了机载武器发展的序幕。法国人首先把带活动支架的地面用机枪装到飞机后座上。1914 年 10 月 5 日，法国飞行员 Y. 弗朗茨和机械员兼观察员 L. 凯诺在空战中用机枪击落一架德国飞机，创造了空战史上的首次战果。1915 年，德国福克公司发明机枪射击协调器，解决了子弹穿越机载螺旋桨转面而不会击中桨叶的问题。

第一次世界大战后，一些国家研制了机载自动武器，并安装在飞机上，主要有苏联的"史卡斯"7.62 毫米机枪、"斯瓦克"20 毫米航炮，美国的"柯尔特 - 勃朗宁"12.7 毫米机枪，德国的"欧立康"20 毫米航炮等。通常每架飞机安装 2～8 挺机枪（炮），使用机械环式和光学视准式瞄准具。轰炸机最多可挂近 3000 千克炸弹。

第二次世界大战期间，机载武器系统得到很大发展。航空自动武器的口径加大，射速提高，威力增强。应用电磁陀螺制成了半自动光学瞄准具。航空火箭弹得到了广泛使用，大量的常规炸弹被用于轰炸作战中。1945 年 8 月，美国用 B-29 轰炸机在日本首次投下原子弹。机载制导武器的研制于二战后期开始。1944 年，德国研制成 X-4 型有线制导空空导弹和 Hs-293 空舰导弹。战后，机载武器得到全面发展，研制出多种型号的转膛式和多管旋转式航炮，最大射速 6000 发 / 分，在近距格斗中发挥了很大的作用。

20 世纪五六十年代出现适应尾后、近距攻击亚声速目标的空空导弹，70 年代发展了能在 300～500 米距离对高速度、大机动目标实施攻击的近距格斗导弹，以后又研制了具有全高度、全方向和全天候作战性能，可在 100 千米以外同时对多个目标进行攻击的远距拦射导弹。空地导弹配套齐全，空地战略导弹最大射程 2500 千米，重量为 1～10 吨，通常采用核战斗部，用于摧毁重要的战略目标；空地战术导弹有反雷达、反坦克等类型，用于不同任务。新型的空舰导弹、航空鱼（水）雷和深水炸弹，对付水面舰艇、潜艇有很好的效果。激光制导炸弹、电视制导炸弹于 20 世纪 60 年代末至 70 年代初由美国空军大量用于越南战场，由于命中精度高，破坏效果明显，减少了轰炸机的出动和损失。

　　武装直升机使用多管旋转式机枪、空地火箭弹和反坦克导弹等武器，对地面有生力量、坦克和军事设施等目标构成严重威胁。微电子、光学技术的发展，提高了计算机、目标探测、载机参数测量及瞄准显示设备的性能。头盔瞄准具与近距空空导弹配合使用，取得了首先发现、首先发射的机会。新型的机载火控系统装备飞机后，使弹药的投射精度、作战效能和载机自身的生存能力都得到进一步提高。机载武器系统由武器和航空弹药、装挂和发射装置、火力控制系统组成。武器和航空弹药用来直接杀伤和破坏空中、地面和水面（下）的各种目标，主要有空空导弹、空地导弹、航空火箭弹、航空炸弹、航空机关炮（枪）及炮（枪）弹等；装挂和发射装置用来把武器和弹药装挂在飞机或武装直升机上，并确保其正常使用，主要有射击装置、轰炸装置、导弹发射装置、火箭发射装置等；火力控制系统用来搜索、识别、跟踪和瞄准目标，控制弹药的投射方向、时机和密度，导引制导武器命中目标，主要有航空瞄准具、火控系统、制导装置等。不同的作战飞机和武装直升机配备的武器系统有所区别。

　　战斗机的武器以空空导弹为主、航空机关炮为辅，装有航空瞄准具或先进的机械综合火力与飞行控制系统，配备的机载雷达可远距探测目

P-38 战斗机配备的 P-38 战斗机的机头装有 4 挺 ANM2 重机枪

标及完成对空空导弹
的制导任务，夜间作
战的飞机还装有微光
电视、红外夜视设备。
攻击机的武器有航空
机关炮、航空火箭弹、
空地导弹、常规炸弹、
制导炸弹、空投地雷、
水雷、鱼雷及战术核
炸弹等，配备有射击
轰炸瞄准具或高度自
动化的机械综合导航
攻击系统。轰炸机有
攻、防两类武器，攻
击武器以巡航导弹、
制导炸弹为主，以常
规炸弹为辅；防御武
器以电子干扰为主，
以诱惑导弹为辅；火
力控制系统配有轰炸
瞄准具或综合导航轰
炸系统。武装直升机
的武器有航空机关炮
（枪）、空地火箭弹、
反坦克导弹、常规炸
弹等，并配有简单的
火力控制系统。

C-130 攻击机侧面的机炮

A-10 "雷电 II" 攻击机安装的机炮

苏 -25 "蛙足" 攻击机可配备的武器系统

→ 战斗机最多能携带多少导弹

现在空战是导弹的信息化战争，不管是战斗机还是武器，都已经实现信息化，比如战斗机最重要的武器导弹，依靠信息化技术几乎能够实现"百发百中"。作为战斗机的主要武器之一，一款战斗机能够挂载导弹的数量越多，在战时完成任务的概率就越大。但是战斗机通常情况下都要求具备一定的机动能力，因此并不是携带导弹的数量越多越好，毕竟外挂的导弹会大大影响战斗机的机动性能。

现代战斗机的挂载能力都很强，挂载点也很多。一般都根据执行任务的需要进行挂载，对空任务的就多挂空空导弹，中距导弹和格斗导弹也有不同的数量分配。重型战斗机外挂点则更多，可以超过 15 个。随着复合挂架的出现，飞机的挂载能力变得更强了。而且实际作战中很多时候并不是满载，因为有时可能会没法找到目标进行攻击，所以只能返航，但是带弹降落比较危险，很容易出现事故，所以很多时候只能抛下昂贵的弹药。因此，出于成本考虑很多时候并不满载弹药，一般携带能完成所定任务的弹药就足够了。

例如，美军的 F-15 战斗机，根据不同任务要求有不同的挂载方案。比如说在进行远距离空中截击作战时，就会携带 2 枚 AIM-9 "响尾蛇"近距红外空空导弹用于近程防卫，以及 AIM-120 雷达中距导弹进行截击任务等，同时还会加挂 1 个甚至数个副油箱来保证足够的航程。再比如

F-22 "猛禽" 战斗机配备的导弹

说进行转场飞行时，一般没有太多的作战任务，仅仅携带 2 枚 AIM-9 近距红外空空导弹就足够了，再携带多个副油箱。而在进行像多任务对地攻击空中支援作战时，依然会携带必要的 AIM-9 近距离空空导弹，3 枚 AIM-120 雷达中距空空导弹，指示目标用的"狙击手"目标指示吊舱，AN/AAQ13"蓝盾"导航吊舱，用于攻击的 GBU-12 制导炸弹等。

F-35 "闪电 II" 战斗机可配备的武器系统

"美洲豹" 战斗机可配备的武器系统

→ 战斗机只能向前发射导弹吗

众所周知，战斗机所携带的导弹是有一定限制的，这也就意味着，如果将导弹倒装的话，那么向前发射的导弹数量就会减少，这就会造成战斗机在攻击敌军的时候战力大大降低，毕竟很少有敌方会在战斗机的后面，除非被追击的时候，但是在这种情况下空军会用专门的武器来为己方战斗机甩掉跟踪的敌军。但这并不代表所有的导弹都只能向前发射。1996 年，美国空军使用 F-16 战斗机携带 AIM-9X 导弹成功完成了向后发射的动作，所采用的方法是越肩发射，也就是说导弹在离开发射架之后，先向前飞行一段距离，然后再向上飞行，最后掉头向后飞行。这种导弹主要依靠尾部的推力矢量舵来改变飞行方向，其机动性非常好。目前世界上能够越肩发射的导弹主要有 AIM-9X、R-73II、R-77 等导弹。但是这些导弹目前还只是处在试验的阶段，也就是说技术并不成熟，而且会不会得到广泛应用也不一定，毕竟它的成本非常高，而且技术难度也不低。不仅如此，还会在很大程度上降低导弹的射程，所以现在战斗机上的导弹也都只能向前发射。另外，如果要向后发射导弹，战斗机就需要做出许多牺牲。

首先，导弹要向后发射，空空导弹得反向挂载。也就是导弹尾部朝前，头部向后挂载，这样显然会增加战斗机的飞行阻力。

其次，要牺牲导弹的性能。空空导弹的最大优势就是，它可以叠加战斗机的速度。比如战斗机以 2 倍音速飞行，那么导弹在发射前，它就已经拥有了 2 倍音速。发射后，再点火加速，则空空导弹是在 2 倍音速的基础上进行加速的，结果就是，空空导弹的速度极大。然而，若向后发射导弹，导弹就需要将之前本来就拥有的 2 倍音速降到零，接着才能加速向后飞行。此外还会牺牲战斗机的整体性能。

若想实现向后发射导弹，并准确命中后方敌机，那么战斗机尾部很有必要再安装 1 个雷达。头部 1 个雷达，尾部再有 1 个雷达，会让战斗机的重量变大，后果就是战斗机速度、航程提不上去，实在是得不偿失。

满载导弹的苏 -35 "超侧卫" 战斗机

苏 -30 "侧卫 -C"战斗机挂载的导弹

F-16 "战隼"战斗机进行编队作战训练

→ 促进机载导弹发射系统发展的主要因素有哪些

导弹机载发射技术是一项比较复杂的导弹发射技术，随飞机和导弹的种类不同，其要解决的问题也不同。发射导弹对周围的安全是有影响的。飞机本身是个脆弱的载体，而机上又有飞行人员。因此，机载导弹发射必须在保证飞机和人员安全的前提下完成。促进机载导弹发射系统的主要因素有以下几点。

飞机减阻和隐形的需要

根据分析和预测，超视距作战将是未来要求飞机本身一定要具备超音速机动、巡航和隐形的基本条件，而且要求机载武器系统的每个环节都要最大限度地挖掘设计潜力、提高性能。机载导弹发射系统显然要在减阻和隐形要求上尽量降低对飞机性能的损失，因而必将促使研制保形、低阻和小雷达反射截面的发射系统。另外，视距内的近距格斗也是未来空战的另一种重要形式，它要求作战飞机不仅能尾追、迎头或侧面攻击目标，还应能在任意姿态下，以任意过载条件发射导弹。因此，要求作战飞机不仅要载有多种武器和多位置配置，还要采用多种导弹发射方式。这样将促进研制先进的多种发射方式 (弹射、导轨或投放式) 的发射系统。

导弹悬挂和发射的要求

未来将发展三全 (全天候、全方位和全高度) 和多型 (发射后不管、中程拦射和近距格斗) 机载导弹。它们不仅制导原理、气动外形、重量和接口各异，而且其初始制导和离机参数要求也不相同。它们不仅要在机内 "全埋"、机身下 "半埋" 和机翼下外挂，还要以不同的发射方式离机。为适应和满足这些要求，不仅要研制和设计导轨发射装置，还要研制和发展弹射发射装置和投放发射装置。

外挂武器管理和接口的要求

现代空战需要对飞机及其配装的导弹、火箭和炸弹等武器系统进行全面的控制，并要监视它们的发射或投放，从而产生了外挂武器管理系

统 (SMS)。这种系统的采用将对机载导弹发射系统的设计提出特殊的要求。首先要求飞机、导弹和发射系统具有标准的武器接口。这种武器接口标准化要求，对发射系统的设计和发展是一种促进和原动力。同时，标准化接口的实现，也必然会把机载导弹的装机使用通用化提高到一个新的水准。

挂在机翼下的 R550 "魔术" 导弹

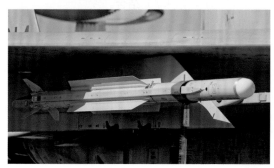

挂在机翼下的 AAM-5 导弹

战斗机上的导弹和发射架是怎么连接的

战斗机使用的机载导弹与挂架的连接方式，与其释放、发射方式是紧密相连的，不同的发射方式决定了其结合方式。

机载导弹的典型发射方式目前主要有 3 种，对应着 3 种不同的连接和固定方式。

第一种为导轨式。其挂架上有 1 条或 1 组导轨，导弹弹体上通常有 3 个固定的滑块或滑动环，挂载时将导弹的滑块插入导轨，并通过挡块、卡锁锁定。导轨和卡锁对导弹起到约束作用。几乎所有的格斗型空空导弹，以及 AIM-120 这类中距空空导弹和部分空地导弹，均采用导轨式发射方式。

小型导弹可由地勤人员人工托举或者由挂弹车协助安装到发射轨上。重量较大的导弹，则需先与安装有发射导轨的发射架结合，再将导弹与发射导轨整体挂装到与机翼链接的挂梁上。

第二种为弹射式。中型以上的空空导弹普遍采用这类发射方式，特别是半埋式安装或者弹药舱内置挂载导弹的情况下。导弹发射时，由挂架内置的燃气发生器产生高压燃气（热弹射），或者释放存储的压缩空气、氮气（冷弹射）、高压液压油，通过活塞装置将导弹弹离发射架，导弹被弹开距离载机一定距离后，点火飞行。

采用这种发射方式，导弹需要以弹耳（悬挂环）或者滑动环与挂架上的悬挂钩（锁制器）结合。发射时，先将挂架的挂钩打开，解除对导弹吊挂的约束，再通过作动器将导弹弹离载机。多数中距空空导弹，例如，美国的 AIM-120、俄罗斯的 R-77、欧洲的"流星"，都同时支持以导轨和弹射方式发射，所以弹上的滑块／弹耳采用通用化设计，满足两种发射方式的不同固定要求。

第三种为投放式。一些大型空地导弹、炸弹采用这类发射方式，投放后导弹自由下落一段时间点火。导弹、炸弹弹体上装有弹耳，与挂梁上的挂钩结合。挂架上还装有防摆器，通过螺栓"顶住"弹体，防止弹体摆动和振动，危及飞行安全。

展览中的 JAS-39 "鹰狮" 战斗机及其挂载的导弹

美国海军士兵将 AGM-65 导弹安装在 F/A-18 战斗攻击机上

安装在机翼下的 R-77 导弹

→ 战斗机如何利用干扰弹摆脱导弹的攻击

导弹一直是军用飞机的最大威胁，战斗机一旦被其锁定，加油逃跑显然不是明智之举。一旦遇上导弹，战斗机最好的应对方法就是抛洒干扰弹。

相应地，战斗机的干扰方式和导弹制导方式是对等的。导弹主要有两种制导方式——红外制导和雷达制导，所以干扰弹的设计思路也是红外干扰和雷达干扰。红外干扰弹是一种具有较高温度的红外辐射弹，也称红外曳光弹，主要用于诱骗敌方红外制导武器脱离真目标。它广泛用于飞机、舰船的自卫。红外干扰弹大多为投掷式燃烧型，内装烟火剂多为镁粉、硝化棉和聚四氟乙烯的混合物，燃烧时能产生强烈的红外辐射。

雷达干扰弹主要是指箔条干扰弹。这种弹药是一种在弹膛内装有大量箔条以干扰雷达回波信号的信息化弹药。它在敌方目标上空，从弹体底部抛出箔条块。箔条块释放后裂开。箔条散布成云状并低速降落，对敌方雷达信号产生散射，使其不能正常工作。

早期的雷达和红外干扰弹系统，在战斗机上分别设置，称为"单一诱饵"技术。而随着机载干扰技术的发展，在大多数第四代战斗机上，雷达和红外干扰弹早已集成在一起，形成"红外 / 射频复合诱饵"。相比早期的单一诱饵，复合诱饵干扰技术集成度更高，而且可以有效对抗采用复合制导手段的新型导弹系统，干扰性能大大提升。

以 F-15J 战斗机为例，其使用的就是特拉科公司（后被英国宇航系统公司收购）研制的 AN/ALE-45 干扰弹投放器。它的探测器是机载雷达告警接收机，当该接收机接收到雷达制导空空导弹的主动射频信号后，则向 AN/ALE-45 投放器的控制系统发出告警信号，AN/ALE-45 的控制系统由 1 个程序器和 4 个投放器组成。投放器位于两侧进气道下方，以田字格方式布置。投放时，干扰弹响应来自飞行员或机尾告警接收机的信号，以大离散模式进行投射，以最大限度扩散释放面积，形成最佳干扰效果。一般而言，对抗单枚导弹，释放 1 组或 2 组干扰弹即可；如果来袭导弹批次多，则需要多组连续发射进行抗击。如果要连发，就要由飞行员或程序自动设定连发次数和连发时间间隔。

一般而言，箔条干扰弹更强调大散布面积，释放后有效散布面积达几十平方米，与战斗机自身所占面积相当，可有效散射敌方机载雷达和导弹雷达导引头的火控和制导信号，让雷达和导弹失去目标。而红外干扰弹则更强调能量密度和红外辐射强度，发射后形成离开战斗机机体一定距离的几米长的射焰（以模仿战斗机尾部发动机装置外热金属部件红外特征），每组持续几秒钟时间，足以保证来袭导弹被干扰弹诱饵欺骗，打错目标。如果来袭的导弹有多枚，红外干扰弹就要维持更长时间的干扰效果，保持足够的能量密度和辐射强度，还得靠间隔一定时间连续发射多组来保证。

F-22 "猛禽" 战斗机发射干扰弹

F-15E "攻击鹰" 在空中发射干扰弹

F-16 "战隼" 战斗机机翼下携带的干扰弹

→ 设计战斗机的重点应放在超视距空战还是格斗目视空战

超视距空战和格斗目视空战对飞机的要求不完全相同。

第一，在作战空域方面，格斗空战宜在高亚音速甚至低速区进行，这时飞机的转弯角速度最大，飞机转头容易。在高空飞机转弯半径很大。例如在高度 11 千米、马赫数 0.9 时，转弯半径一般都要 4～5 千米。如果速度是超音速，转弯半径将超过 8 千米。这就是说等到飞机转过头来，很可能已经看不见对方飞机，无法目视格斗了。而超视距空战是靠发射空空导弹作战，高空作战困难不大，甚至可以打迎头比自己高或低几千米的目标。同时，导弹在超音速发射时射程还会增大不少，所以更宜于在高空超音速作战。

第二，格斗空战要求飞机机动性、敏捷性都十分好。现代空战虽然不再限于从目标尾后攻击，但无论如何应先将机头大致指向目标。战斗机能向后发射导弹的技术目前尚不成熟。如果飞机能够迅速偏转使机头指向目标（即所谓瞬时转弯角速度大），这将在格斗中占很大优势。在大迎角或超过失速迎角时仍能做机动的飞机将更容易使机头指向目标（即所谓过失速机动）。而超视距作战只要求飞机在超音速飞行时机动性好一些，能保证发射导弹即可。在远距离追踪目标并不要求很快偏转机头，因为跟踪角速度不大。

第三，格斗空战要求飞机能从很低速尽快提到高亚音速。而超视距空战则要求飞机能很快从高亚音速加速到超音速。

　　第四，格斗空战对地面指挥引导要求低一些，只要引导到空战区以后，目视作战就全靠自己了。超视距空战全过程有地面或空中预警机通报空中目标分布情况，好处很大。有地面情报直接支援的一方将占很大优势。

　　第五，格斗空战对隐形技术不作要求，在目视距离内敌我识别系统的好坏影响也不大。而这两项技术在超视距空战中是至关重要的，直接影响到作战效果，是决定作战成败的关键因素之一。

　　由此可见，设计以超视距空战为主的飞机与目视格斗空战优先的飞机完全不同。当然两种形式的空战在飞机设计上都应该能很好完成。但从技术角度来看，全都优先是不可能的，而应该有所侧重。

超视距空战能力和格斗机动能力都很优秀的苏 -37 战斗机

格斗机动能力为主的苏 -27 战斗机

超视距空战能力为主的"台风"战斗机

→ 战斗机已装备超视距空战武器，为何还要配备航炮

现代空战已经进入以使用空空导弹为主的时代，进行超视距攻击的中距空空导弹已经成为制空战斗机的标准武器挂载方案。但是，战斗机机载武器配备上一个很有意思的现象是，战斗机仍然保留了最传统的空战武器——航炮。即使像美国的 F-22 和 F-35 那样的隐形战斗机，航炮也是标配。这显然不能用战斗机研发时因循守旧来解释这种现象，事实上，在中距导弹空战时代，航炮仍然是空战中不可或缺的近战利器。

第一，空空导弹的实战运用受多种条件限制，并不能做到"每射必杀"。空空导弹在靶场试验时，往往能取得很高的命中率，但在实际空战中，由于对手会进行大过载机动，导弹的实战命中率会大大低于靶试命中率，在这种情况下，空战从中距打到近距的可能性很大。

第二，空战中的电子干扰和交战规则会大大压缩中距攻击距离。特别是在多机多向空战条件下，为避免误击，会制定目视识别目标后才能攻击的严格交战规则，近战难以回避。

第三，隐形战斗机之间达成视距外先杀空战优势的难度较大，利用隐形、电子攻击和机动的综合特长，破坏对方中距攻击、达成近战格斗的可能性很大。

第四，空空导弹挂载数量有限是难以克服的瓶颈。战斗机都采用中近距导弹混挂方案，但最多只能挂载 14 枚，一般只能挂载 8 ～ 10 枚，导弹发射完后，本机自卫都成问题。

F/A-18 战斗攻击机携带的"火神"航空机关炮

因此，现代战斗机在研发时，都选择保留 1 门 20 ～ 23 毫米口径的速射航炮，备弹约 200 发，形成弹—炮结合的武器配备方案。形象地说，空空导弹相当于自动步枪，航炮相当于手枪，在战士手中都有用，只是使用时机不同罢了。

此外，对战斗机来说航炮还有特殊的作用。一是在处置违反空中管制的目标时，可用航炮对其前方进行警告性射击，迫其改变航向。二是在制空作战中发现重要地面目标时，可使用航炮进行攻击。在这两种情况下，发射空空导弹显然是不行的。所以，现代战斗机上还少不了航炮。

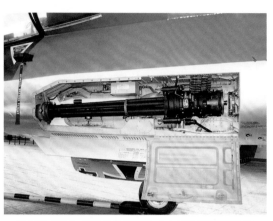

F-104 "星" 式战斗机携带的 "火神" 航空机关炮

战斗机不能加装武器攻击来袭导弹的原因是什么

众所周知，海基和陆基的反导武器一般是各种防空反导导弹，在近距离下则是使用高射速的转管机炮进行拦截。但是战斗机却没有类似的设计，而是通过抛洒干扰弹来摆脱导弹袭击，同时配合机动动作规避导弹。究其原因，主要有以下几点。

第一，战斗机的外形尺寸，不具备安装反导武器的条件。无论是反导导弹，还是转管机炮，都需要占用较大的空间，而战斗机上每一寸空间都是非常宝贵的，很难像地面载具和舰艇一样布置这些重型的反导武器，而且目前的反导武器都有功耗巨大的缺点（主要是对敌方导弹的搜索设备），这对于战斗机的发电机组来说是难以承受的。

第二，战斗机的设计功能，不允许加装武器攻击来袭导弹。一般情况下，战斗机是根据任务需要来挂载导弹和炸弹的，外挂架有 10 个左右，自身机炮配备炮弹一般在 500 发左右。战斗机在挂载空空导弹时，通常要参加夺取制空权的空中格斗，如果挂载了空地导弹或是反辐射导弹以及特殊制导炸弹时，通常要执行对地面重要军事目标或海上目标进行突袭打击的任务，还没有定位于对空中来袭导弹进行打击的功能。

第三，战斗机的作战性能，不具备打击空中来袭导弹的能力。目前世界各国的作战飞机速度一般在 1.8 马赫至 3 马赫之间（实际应用一般不超过 2.8 马赫，因为过载已超过机动过载，飞行员长时间肯定难以承受），而空地导弹或空空导弹的飞行速度则是 2 马赫到 5 马赫之间，战略核导弹最快可达 20 马赫以上，也就是说导弹的飞行速度要快于飞机速度，再加上现代导弹的智能性高，隐蔽突击性强，机动性好，战斗机很难锁定目标，或者说等战斗机锁定导弹时，也许导弹已经击中战斗机了。以速度 3 马赫的导弹为例，1000 米的距离用时不到 3 秒钟，战斗机驾驶员的操作速度和雷达计算速度要滞后于导弹的飞行速度。

第四，战斗机的未来发展趋势，也不会加装打击来袭导弹的武器。世界各国对未来战斗机的研究表明，更多的是加强大功率发动机、新式气动布局、数字化平台及防护措施的研究，减少载弹量甚至是取消机炮。

F-16 "战隼"战斗机携带的导弹

这样的发展趋势追求反应灵活,机动性强,能快速做出高难度的规避动作;提高电子战水平和对抗能力,强化防护和救生系统,提高飞行员的生存能力。

综上所述,战斗机的诞生与发展,都没有把空中打击来袭导弹作为主要研究方向,只有如何采取规避险情的措施。抛撒干扰弹摆脱导弹袭击和利用机动动作规避导弹袭击是最常用的有效手段,也是目前战斗机空中格斗必备技能之一。

挂在机翼下的"巨蟒"空空导弹

AH-1 "超级眼镜蛇"直升机携带的"地狱火"导弹

隐形战斗机的内置弹仓有何设计难点

隐形战斗机内置弹仓的设计并不容易。即便是俄罗斯这样设计实力数一数二的航空强国,都没有完全解决隐形战斗机内置弹仓的设计问题。俄罗斯第五代战斗机 T-50 就因为内置弹仓问题广受外界诟病,自 2010 年 1 月首次试飞以来,该机一直没有在公共场合展示过它的内置弹仓,也没有任何有关内置弹仓的照片流出。这种情况让媒体猜测 T-50 战斗机根本就没有内置弹仓,也从侧面证明了俄罗斯隐形战斗机的内置弹仓设计存在诸多问题。

那么，内置弹仓的设计到底存在什么困难呢？首先是导弹的伸出问题。一般而言，隐形战斗机的内置弹仓位于机身中部。从空气流动和压强的关系可知，这个位置位于机身的低压区，也就是导弹在伸出的瞬间会受到一个向上的力。这个力的存在使得导弹向上飞行时，可能会被推回弹仓击中载机。目前，内置导弹的伸出方式主要有发射架转动伸出方式和弹射伸出方式。美国F-22"猛禽"战斗机就采用了发射架转动伸出方式，其可靠性较高，但机械结构复杂，机构转动也需要一定的时间。

内置弹仓的另一个设计难点就是导弹脱离弹仓后的瞬间姿态控制问题。导弹在脱离弹仓后与战斗机保持相同的速度，此时导弹虽然发动机还没有点火工作，但依然有较大的升力。在被弹出后，如果导弹的姿态存在抬头，就会有较大的迎角，从而产生较大的升力。该升力的存在同样会使导弹上升击中载机。如果导弹的姿态存在低头，则导弹会因升力不足而加速下降，从而影响导弹对目标的锁定以及发射的射程。

值得一提的是，内置弹仓也有它的不足之处。因为战斗机的内置空间是非常宝贵的，按照正常的思路，这些空间大部分应该优先用于配置引擎、内置油箱等硬件设备，以尽可能提升战斗机的飞行性能。所以战斗机上能够预留的内置弹仓空间相当有限，这就使得内置弹仓可以容纳的导弹类型也非常有限。一些体积较大的远程空空导弹或者巡航导弹很难被装进内置弹仓，像副油箱这样的一次性用品也只能部署在外部挂架上。

F-22"猛禽"战斗机内置弹仓特写

因此，导弹内置和外置是需要视情况而定的，如果不需要考虑隐形性能，则可以充分利用外部挂架，让战斗机的性能得到最大化发挥；而如果需要规避地面雷达和巡逻机侦测，进行隐蔽性的突防行动，则需要采用导弹内置的方式，尽量减少雷达反射截面积，避免被敌方发现。这两种导弹部署方式各有取舍，本质上也没有好坏之分，只是要根据实际情况做出调整。

F-35 "闪电 II" 战斗机内置弹仓特写

T-50 战斗机内置弹仓特写

导弹是如何挂到战斗机上的

　　现代战斗机在执行任务时机翼下方都会悬挂各种大小不同、种类不同的导弹或者炸弹。那么这些导弹或炸弹又是如何挂到战斗机上的呢？这个看起来很简单的挂载，其实包含了很多的高科技。

　　目前挂架的材质都是高强度的铝合金复合材料，而且内部还配有防震荡装置、发射推送装置以及连接航路的装置，还有各种适配器，系统是非常精密的，只有这样才能保证导弹从安装到发射，都可以做到人为控制而不出现意外。

　　不同的导弹通过不同的方式固定在挂架上，悬挂方式不同，发射的方式也就不同，一般来说常用的是机械式悬挂、滑道式悬挂、弹射式悬挂。其实不管采用哪一种悬挂方式，战斗机的挂架都是经过精密计算的，而且是根据导弹的攻击方式和战斗机的综合性能研发的，所以很少出现挂机不稳的现象。

一般来说，装着导弹的导弹运输车开到战斗机机翼下，对准挂架下的凹槽，一挂一个准。当然，不同的导弹会挂载在和自己匹配的挂架上。

发射导弹时，并不是说直接将悬挂钩松开掉下去就可以了，而是依靠强大的力量"推"出去的。就拿滑道式挂载发射来说，导弹发射瞬间就会加速，这时对应的挂架就像是高铁的铁轨，而导弹有点像"高铁"，挂架对导弹还有很强的推动作用；而弹射式挂载，在导弹发射瞬间会将凹槽打开，导弹就依靠自己的重力下降，并且在下降到一定的高度后开始加速，真有点母鸡下蛋的感觉。现在还有一种比较高级的发射方式，那就是旋转式发射，也就是导弹挨个发射。这种发射方式大大提高了命中率，但要求挂架能够完整地与飞机主脑系统做好配合。

米格 -19 战斗机挂载的 K-5 空空导弹

JAS-39 "鹰狮" 战斗机配备的导弹

德国空军飞行员将 IRIS-T 导弹安装到欧洲战斗机上

→ 战斗机导弹发射能否采用类似鱼雷发射的形式

空空导弹和空地导弹是现代战斗机装备的重要机载武器。就机载武器的挂载方式而言，空空导弹和空地导弹有在机翼与机身上挂载和在武器弹舱内挂载两种。所谓鱼雷发射的形式，就是筒式发射，就是从武器发射筒内发射武器。目前，非制导的航空火箭采用筒式发射形式，但空空导弹和空地导弹则没有采用此种发射形式，原因大致如下。

第一，采用发射筒会对某些空空导弹和空地导弹截获目标造成一定影响。有些空空导弹和空地导弹，尤其是被动寻的制导和电视制导的空空导弹和空地导弹，在发射前需要导弹导引头截获目标，而将导弹封装在发射筒内，不利于导引头截获目标。

第二，采用发射筒会额外增加飞机的挂载量。战斗机作战通常需要挂载尽可能多的突击武器，以及电子战吊舱、导航攻击吊舱、副油箱等，而战斗机的最大挂载能力是有限的，发射筒本身就有一定的重量，再加上相关的连接装置，会额外增大飞机的外挂负担，不得不相应减少其他外挂或减少载油，这对作战是不利的。

第三，采用发射筒会额外增大飞机的阻力。挂载发射筒与外挂武器一样都会产生阻力，武器发射后，如果不抛掉发射筒，仍然会产生较大的阻力，不仅影响战斗机的机动性，而且会增大战斗机的耗油量。如果将发射筒抛掉，则会提高使用的成本。

第四，采用发射筒会增大战斗机的雷达反射截面积。武器外挂本身就会增强信号特征，发射武器后如果不抛掉发射筒，信号特征仍然很强。显然这不利于飞机的隐形。

挂载于 P-2 "海王星"巡逻机上的鱼雷

基于上述原因，现代战斗机均不采用发射筒发射机载导弹的方式。为减弱战斗机的雷达信号特征，隐形战斗机在高威胁环境下作战都采用空射武器在机内弹舱内挂的方式，只有在夺取制空权并有效压制敌方防空体系后，才会采用武器外挂方式增加单机的武器携载量。对于非隐形战斗机，目前采用保形挂架方式以减小雷达反射截面积和减小阻力。

美国空军地勤人员检查 A-10 攻击机上的 AGM-65 "小牛" 导弹

→ 空空导弹靠什么与战斗机进行数据连接

空空导弹按射程分，包括中距空空导弹和近距空空导弹；按制导方式分，包括雷达制导空空导弹和红外制导空空导弹。通常情况下，雷达制导的中距空空导弹才有与发射导弹的战斗机进行数据链接的需求。

主动雷达制导中距空空导弹在发射后的飞行过程包括初始段、中段和末段 3 个阶段，各阶段导弹的制导方式有所不同：初始段通常为惯性制导，中段为惯性 + 指令修正制导，末段为主动雷达制导。半主动雷达制导中距空空导弹初始段也是惯性制导，中段和末段都是指令修正制导。

通俗地说，指令修正制导就是战斗机的火控系统根据雷达测量所得的目标和导弹的相对关系位置，按一定的导引规律，计算生成导弹的制导指令并发送给导弹，控制空空导弹飞向目标。这种制导的优点是弹上设备简单，采用相控阵雷达可以对付多个目标。显然，指令修正制导需要战斗机与空空导弹之间进行"对话"，这种对话的渠道就是战斗机与导弹之间的数据链，通常简称"机弹链"。

在大多数情况下，"机弹链"是单向数据链，只由战斗机向导弹发送修正指令，这不仅能满足基本的战术需要，也能降低导弹的成本。后来，由于战斗机飞行员需要掌握导弹上雷达导引头开机并截获目标的时机（目标处于不可逃逸区），及时进行战术机动脱离攻击，而且要实现由另一架战斗机实施隐蔽制导的网络化空战战术，诸如 AIM-120D 等先进中距空空导弹已经采用了机弹间双向数据链，不仅提高了导弹攻击精度，而且使空战战术发生了很大的变化。

F-14 战斗机挂载的 AIM-54 "不死鸟" 空空导弹

满载 10 枚 AIM-120 空空导弹的 F/A-18 战斗攻击机

F-16 战斗机挂载的 AIM-120 空空导弹

第 6 章

→ 战斗机的武器为何都是翼下挂载

战斗机要执行作战任务就必须要挂载不同类型的机载武器。攻击空中目标的武器包括中距和近距的空空导弹；攻击地面或海面目标的武器包括空地导弹、反舰导弹、制导和非制导的航空炸弹。现代战斗机机载武器的挂载弹一般为 4 ～ 8 吨，少数飞机可达 10 ～ 11 吨。

这么多的机载武器，优化挂载是一个相当重要的问题。机载武器的挂载有外挂和内挂两种方式。内挂就是将武器挂载在战斗机的机内弹舱中，好处是可以减少飞机的雷达反射截面积，减小飞机的阻力，增加飞机的作战半径；不足之处是战斗机的机内弹舱容积比较小，武器的内挂量有限。隐形飞机多数采用武器内挂方式，其他大部分非隐形飞机均采用武器外挂的方式。机载武器外挂时可以采用翼下和翼上挂载方式，目前绝大多数飞机采用翼下挂载，极少数飞机（如"美洲豹"攻击机）采用翼上挂载。机载武器多为翼下挂载，主要是从武器投射的角度考虑的。

首先，翼上挂载的方式只适用于在发射架上点火的导轨发射方式，"美洲虎"攻击机的翼上挂载的都是导轨发射的空空导弹，导轨发射可解决武器离开发射架后与飞机的机翼上表面相互碰撞的问题。

其次，重力炸弹投射后会自然下坠，只能挂载在机翼的下方。如果挂载在机翼上方，投射时会危及飞机的安全。

翼下挂载武器的光辉战斗机

最后，空地导弹在发射时通常是在导弹离开发射架之后经过一段短暂的时间，导弹发动机再点火，所以空地导弹也有一个投射后自然下坠的过程，需要防止弹体与机体发生碰撞，因而空地导弹也需要挂载在翼下。

翼下挂载武器的"美洲豹"攻击机

现代战斗机为增加武器的携载量，不仅在机翼下挂载武器，而且在机身下方和侧下方也设置了挂点，可挂载武器或多种吊舱。

台风战斗机所挂载的武器系统

→ 无人机可以发射空空导弹吗

战争的现代化程度越高，无人机在战争中的地位就越能凸显出来。无人机在现代武器装备里，的确算是小而精悍的一款武器了，只是有一个小缺憾是无法弥补的，那就是无人机不能发射空空导弹。

目前军用无人机的主流发展方向是作为一种战术消耗品，当然也有不少技术先进的国家认为军用无人机还可以向战略武器方向发展，所以美国还研发像"全球鹰"、X-47 这样的大型无人机。但是这两种发展方向目前都不能安装空空导弹。

作为战术消耗品的无人机大多载重小、升限低，主要任务就是突防侦察，没有能力安装拦截式空空导弹，有些勉强可以安装格斗式空空导弹，用来打击对方的飞机。可是这种小型无人机既然是战术消耗品，打击对方的飞机其实完全不需要用空空导弹，直接把自己当作导弹进行撞击就可以了。另外，如果是作为战略武器的无人机，虽然载重大、升限高，可以安装拦截式和格斗式的空空导弹，但是依赖现在的远程控制技术，无人机如果与战斗机近战决斗，基本毫无胜算。再加上大型无人机昂贵的造价，安装格斗式空空导弹与战斗机相比实在太不划算。而如果安装拦截式空空导弹则没有这个必要。拦截式空空导弹大多是中距离、远距离和超远距离。这样的距离且不说空空导弹相比空地导弹有多大优势，其实直接用有人飞机发射空空导弹就可以了，完全不需要用无人机来发射。

现在的远程控制技术还不够成熟。遥控无人机依靠的是无线电信号，但无线电信号使用的是开放空间，非常容易受到干扰，特别是如果对方有针对性地对付无人机，使用大型的信号干扰站干扰，那么无人机根本就无法使用。还有，由于信号传输需要时间，所以远程控制的无人机比起有人飞机来说，反应时间也要长。所以，想制造一架军用无人机能够与有人战斗机格斗就目前的技术来说是不可能的。

高空飞行的 RQ-4A "全球鹰" 军用无人机

X-47B 无人机进行空中加油

→ 预警机如何在空战中保护自己

预警机被称为现代空战的"战力倍增器"，其凭借机载雷达敏锐的千里眼，成为海空搜索预警、指挥引导的空军主力装备之一。现代预警机没有装备任何自卫性武器，属于一种典型的防御性武器，作为现代空军空中指挥所，其可以称得上是最安全的空军装备之一。

一般来说，各国空军都为确保空中预警机的安全，建立了各自空中预警机威胁响应机制和护航措施。

护航措施是在空中预警机活动空域附近分别建立外层和内层掩护空域，并配置担负掩护任务的战斗机，当发现来袭威胁时，按由外及内的原则依次抗击，确保空中预警机的安全。

威胁响应机制是空中预警机自身的防护措施，根据来袭威胁距离的远近，采用分级响应的措施。其措施包括调整阵位、中止执行任务、实施电子干扰、选择就近基地着陆等。

空中预警机为确保自身安全，通常装备有自卫电子战系统，包括电子干扰系统、末端对抗系统。目前主要国家空军装备的大型和中型空中预警机均未装备中距空空导弹，主要原因有以下几点。一是功能上没有必要。空中预警机的主要任务是预警探测和指挥控制，没有对来袭目标进行中距攻击的任务需求，中距以外的防御任务可由外层防御的护航战斗机担负。二是性能上不具备条件。使用空空导弹进行中距攻击，需要载机提供中制导，对火控雷达和飞机的机动性都有较高的要求，空中预警机作为大型飞机平台，不具备上述条件。三是战术上不太可行。空中预警机的雷达信号特征远大于战斗机，如果空中预警机构成发射中距空空导弹攻击来袭敌机的条件，那么敌机的中距空空导弹很可能已经率先构成对空中预警机进行攻击的条件，空中预警机已经处于遭敌攻击的危险中。

预警机虽然没有配备武器，但其自卫水平还是相当高的，且有多重防御体系和多种防御手段可供选择，可以称得上是现代空军装备中最安全的飞机之一了。

飞行中的萨博 340 预警机

E-2 "鹰眼" 预警机正在降落

美国 E-3 "望楼" 预警机

军用运输机能否也安装对地攻击武器

军用运输机是用来运送军事人员、武器装备和其他军用物资的飞机，具有较大的载重量和续航能力，能实施空运、空降、空投，保障地面部队从空中实施快速机动。固定翼运输机如果安装了大量对地攻击武器就成了"炮艇机"，可以在敌方防空能力薄弱的环境下持续攻击各种软目标，在低烈度战场上发挥重大作用。而运输直升机也有很多安装对地攻击武器，直接为投送的机降兵力提供火力支援。

这两种类型的机型都很多，C-47、C-130 等运输机都曾变身成为"炮艇机"，目前 AC-130 运输机仍在在役，火力惊人。最新的改型 AC-130U 安装有 1 门 GAU-12 型 5 管 25 毫米转膛机炮，1 门侧向的 40 毫米"博福斯"炮，每分钟射速为 200 发，1 门 M102 型 105 毫米榴弹炮和最新型的目标探测火控系统，能够为地面兵力提供炽烈和持久的火力支援。不过毕竟这种运输机的飞行性能比较笨重，无法在没有制空权的环境下生存，所以只有美国这种具有世界最强大空中力量的国家才装备这种飞机。当然，AC-130 基本不再担负运输任务，其机舱内早已被各种火炮和弹药堆满，没有空间装载货物了。

一些小国在轻型运输机上装备过火箭、机枪吊舱等支援武器作为反游击战飞机使用。而运输直升机安装对地攻击武器的就更多了，例如，在美国陆军中担任机降主力的运输直升机 UH-60 在侧面就装备有 2 挺机枪，有些是 M2 机枪，有些则是加特林机枪，火力更加强大。在多年的机降作战中得出的经验是，侧门机枪的作用非常之大，能够比护航的武装直升机提供更直接的火力掩护。

飞行中的 C-47 运输机

目前开始大量装备美军的 V-22 "鱼鹰"就因为无法安装对地攻击武器而被军方诟病。虽然"鱼鹰"提供了比直升机更远的航程、更快的速度、更大的载重量，但因为其结构关系，既无法在主翼下安装向前射击的机枪吊舱或火箭巢，也没有侧门来安装侧向机枪，对机降兵力的掩护能力非常差。

海上飞行的 C-130 "大力神"运输机

AC-130H "幽灵"攻击机侧面视角

→ 轰炸机可以携带导弹吗

导弹是现代作战飞机重要的机载武器。机载导弹包括用于攻击地面目标的空地导弹和用于攻击空中目标的空空导弹。

轰炸机是从空中对敌方地面或海面重要目标进行轰炸的作战平台。轰炸机也分为战略轰炸机和战斗轰炸机，一般情况下所说的轰炸机指的是战略轰炸机。目前的战斗轰炸机大多是由战斗机改装而来的，本质上仍然属于战斗机，如 F-15E 飞机。

由于轰炸机与战斗机相比机体比较大，机动性总体上也明显弱于战斗机，因此，现代轰炸机主要采用防区外精确打击的战术。在取得制空权之后，现代轰炸机也可以发挥火力密度高、突击威力大的优点，采用临空轰炸的方法对敌地面和海面的目标进行突击。所以，现代轰炸机可装备各种先进的对地突击武器，包括空地导弹、制导炸弹和非制导炸弹，其中空地导弹是现代轰炸机装备的主要突击武器，包括空射巡航导弹、中远程空地导弹和中程空地导弹。例如，美国的 B-52H 轰炸机主要作为空射巡航导弹的发射平台使用，空射巡航导弹是它主要的突击武器；B-2 轰炸机作为隐形轰炸机，主要发挥隐形优势，隐蔽突入对方纵深，主要用卫星制导炸弹对重要目标进行精确打击；B-1B 轰炸机既可以携带中远程空地导弹或远程空舰导弹，进行防区外精确打击，也可以携带卫星制导炸弹和非制导炸弹突击地面目标。

　　轰炸机在执行作战任务时会面临敌方防空火力的威胁。实际作战时，通常派遣制空战斗机寻歼敌方战斗机夺取制空权，为轰炸机提供护航，并派遣多任务战斗机压制敌方防空体系，确保轰炸机的安全。现阶段从世界范围内来看，轰炸机还没有装备空空导弹的情况。因为轰炸机要想使用空空导弹，就需要装备具有空空多模式的火控雷达，这不仅将使轰炸机的成本进一步上升，而且在作战上的实际价值也不大，所以目前有轰炸机研制能力的国家都没有为轰炸机装备空空导弹。

"火神"轰炸机正在起飞

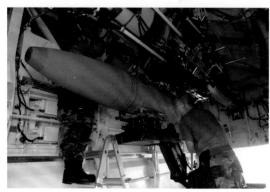

B-2 "幽灵"轰炸机正在安装炸弹

博物馆中的幻影 IV 轰炸机

B-52 轰炸机可配备的武器装备

第 7 章
运 行 篇

战斗机飞行员同战斗机起着同等重要的作用，是一个国家空军最重要的战斗力的一部分。战斗机飞行员就像战斗机一样的军事装备，甚至是战斗机的核心灵魂和零部件，能够在有需要的时候让战斗机发挥作用。

→ 概 述

　　战斗机飞行员是指在军事飞行中直接操纵军用飞机和飞机上航行、通信设备的人员，包括飞行员、空中领航员、飞行通信员、飞行机械员，但一般特指飞行员、空中领航员；还包括受过专门训练、在飞机上直接参加飞行的机组人员。飞行机组的人数和组成依飞机类型和飞行任务而有差别。军用单座飞机只有飞行员一人。多座军用飞机除飞行员外，还可能有领航员、通信员、射击员等。领航员通常兼任轰炸员，因此又有"领航轰炸员"之称。空中通信员通常兼任射击员，因此又有"通信射击员"之称。此外，战斗机飞行员中还有担任训练任务的飞行教员和专门从事试飞任务的试飞员等。

　　在航空发展史上，出现过一批贡献突出的飞行员。1911年10月23日，意大利飞行员 C. 皮亚扎驾驶布莱里奥飞机首次在土耳其阵地上空进行了一个小时的侦察，揭开了飞机参战的序幕。第一次世界大战中，出现了俄国的阿尔采乌洛夫、克鲁坚，德国的里希特霍芬和乌德特，法国的丰克和居内梅，英国的门诺克和毕晓普等著名飞行员。第二次世界大战中，苏联飞行员阔日杜布在空战中击落62架敌机，波克雷什金击落59架敌机，古拉耶夫击落57架敌机。

　　战斗机飞行员在军事领域是一个较为稀罕的兵种。二战爆发之前，世界各国就已经在培养各类飞行员了，不管是德国、苏联还是美国，国内航空俱乐部到处都有，飞行员更是比比皆是。等到战争时期，各国开始培养专业的战时飞行员，其中美国仅在这段时间就为前线培养了40多万名飞行员，再加上具有压倒性优势的战斗机数量，美国空军在二战战场上的实力可见一斑。

　　随着战斗机的发展，飞行员的考核要求变得格外严格，不管是身体素质还是专业知识能力，都不再是20世纪以航空兴趣意识为主导的"业余飞行员"能够相比拟的。美国增加了军费投资，加大了对飞行员的培训力度，再加上美国一直以来在空军方面深厚的军事底蕴，一旦战争开启，美国将有近8万名飞行员可以立即上战场。

美国作为全球军事实力第一的国家，其空军建设一直都保持着领先全球的水平。美军无论是战斗机的数量还是质量，相较于其他国家来说，几乎都有着绝对的优势。因为美国不仅战斗机最多，其飞行员数量也是全球第一。不过由于飞行员的培训成本过于高昂，即便是美国，在大量的军费消耗下，也很难保持一种轻松的发展状态。据悉，目前美国飞行员数量已高达 70 多万名，但因为美国近年来经济发展速度有所下降，再加上国防部对于军费投入的限制，未来美国或许会减小飞行员培训力度。

飞行员驾驶战斗机准备起飞

F-35 "闪电 II" 战斗机飞行员正在登机

美国空军飞行员进行飞行测试

飞行员正在对战斗机进行检查

战斗机在训练后需要清洗吗

战斗机在高空飞行的时候，高速的气流已经把它表面的灰尘吹得一干二净，正常情况下，战斗机是不需要进行清洗的，但是战斗机的作战环境是千变万化的。有几种情况需要对战斗机进行特殊的处理。

目前有些战斗机的机场部署在沿海地区，这些机场所配备的战斗机要进行海上突防等任务，这样就有机会接触到海上的盐雾。盐雾对战斗机的使用有非常大的影响，会腐蚀航空电子设备。

根据美国军方的要求，经常在海边作业的战斗机，每两个星期就要进行一次清洗；如果经常在空气盐度很高的低空飞行，则需要每天返航的时候进行清洗。一般来说，目前的自动清洗设备，根据飞机的大小，在30秒至2分钟时间内就可以清洗完一架飞机。而在这种自动清洗设备发明之前，主要是靠人工来进行清洗，非常耗费人力，一般人工清洗一架飞机要1个小时以上，并且浪费水和时间。使用自动清洗设备之后，大大加快了清洗时间，并且清洗过的水还可以过滤回收，在下次的清洗工作中循环使用。

　　这样一套清洗设备每分钟可以省下 500 加仑的水，一年就可以节约
150 万加仑水，如果是在某些大型的海岸基地，战斗机清洗将更加频繁，
节省的水也将更多。这种设备安装是很方便的，在原有的跑道下方或地
面加装都可以，不会对跑道造成很大的破坏，飞行员只需要缓缓地驾驶
飞机通过即可，并且可以根据型号和天气的不同来调整设备。

F-16 "战隼" 战斗机进行清洗

人工清洗的 F-15 "鹰" 战斗机

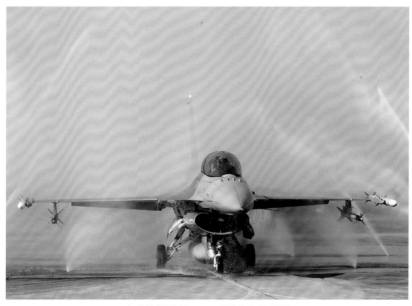

全方位清洗的 F-16 "战隼" 战斗机

战斗机飞行员为何要戴头盔

目前战斗机飞行员的头盔有两种，分别是头盔瞄准器、头盔显示器。前者的作用就是提供瞄准的坐标系，进行打击；后者是对飞行图像进行结合加成。两者的分工明确。而现今的头盔可以让飞行员360°无死角，进行全景视野的扩充，不仅仅可以提供大视野，还能用头盔进行武器瞄准。

20世纪80年代，苏联米格-29"支点"战斗机和苏-27"侧卫"战斗机引领了头盔瞄准器技术的一场革命。这两种战斗机整合了头盔瞄准器和红外搜索跟踪系统，让R-73红外制导空空导弹具有了强大的近距作战能力。这是头盔瞄准器发展史上的一个分水岭，使北约国家正视差距，认真对待头盔瞄准器的发展。

头盔瞄准器有许多优点，但它的亮度控制不佳，且无法显示前视红外及微光电视的影像。飞行员在执行夜间任务时仍要靠视场有限的抬头显示器看清外界，在这些因素考虑下，头盔瞄准器开始进化为头盔显示器。

20世纪90年代初，以色列埃尔比特公司研制出与"怪蛇Ⅳ"空空导弹配套的"显示和瞄准头盔"（DASH）。美国在这种头盔的基础上于20世纪90年代后期研制出"联合头盔提示系统"（JHMCS），来与新一代近距离空空导弹AIM-9X配套，被统称为大离轴角系统（HOBS）。JHMCS和AIM-9X组合首先装备了F-15C战斗机。

DASH和JHMCS两种头盔增加了符号显示功能，除了用于控制导弹引导头和瞄准吊舱传感器外，JHMCS在后来也实现了把关键飞行数据投射在遮光镜上的功能，成为真正的头盔显示器。因此从理论上来说，可以把关键飞行数据和目标数据都从抬头显示器上移除，统统投射在头盔显示器的遮光镜上，让飞行员在空战中能更好地使用空对空武器攻击敌机，不再需要操纵飞机把机鼻对准目标，然后通过抬头显示器瞄准。

经过多年发展后，头盔显示器不仅能够为飞行员提供"先敌发射、先敌攻击"的大离轴攻击能力，还使他们在做大过载机动时也能控制机载武器和传感器的瞄准。头盔显示器的遮光镜不仅能显示瞄准符号和飞行参数，还能显示视频和前视红外图像。

新一代头盔显示器强调在任务各阶段都能帮助飞行员提高表现，设计目标是使飞行员、飞机、机载系统间进行更有效率的沟通，让飞行员获得并维持态势感知，进而提升任务效益。在引进人工智能和光纤传输技术后，预计未来头盔显示器会有革命性的发展，头盔显示器和各种传感器间的综合程度会更好，并有更高的资料更新率以及智能型的信息显示。同样，目前飞行员在转动头部时出现的图像迟滞现象，未来应该都会完全克服。

F-35 "闪电 II" 战斗机的头盔显示器

美国空军飞行设备技术人员
测试安装在头盔上的集成瞄准系统

头戴 DASH 头盔的战斗机飞行员

JHMCS 头盔

第 7 章

战斗机能够倒飞的原因是什么

战斗机的机动性较强，于是一些飞行员经常利用战斗机出色的机动能力做出一些特别的机动显示自己的高超技术，倒飞就是其中之一。

所谓倒飞，就是战斗机的机腹朝上背部向下，飞行员头部朝下的一种特技飞行动作。倒飞时为了保持升力向上以维持重量，必须采用负迎角。为实现倒飞，还必须解决燃油、滑油流动反常，飞行员头部向下而脱离座椅，以及战斗机稳定性和操纵性反常等问题。

当战斗机需要倒飞时，一种方法是战斗机在竖直面内通过向上做半圆弧飞行使机身形呈倒飞状态；另一种是操纵飞机副翼转动，使一边机翼往上，另一边机翼往下，绕机身做机翼旋转的动作，形成战斗机倒飞状态，在战斗机做特技表演时常能见到这种现象。

要想知道战斗机为什么能够倒飞，首先需要了解飞机能够飞行的原理。机翼能够产生升力的直接原因是机翼上下表面的压力差。对于低速飞行、采用平凸翼型的飞机来说，机翼上表面会因为流速被加快，压力降低，从而产生翼型升力。机翼产生的升力还需要另外一个重要因素，就是迎角。当机翼与气流方向有了一定迎角后，不仅机翼上表面会形成负压区，下表面也相应产生正压区，这样总体升力就会大大增加。

飞机保持平飞不仅依靠翼型升力，还靠迎角升力。不过，这个迎角不能无限增大，当迎角过大时，上表面的气流会因为摩擦效应和黏滞性造成气流分离（气流不能连续地从机翼前缘流向后缘），升力就会急剧下降，再加上机翼下表面的正压区产生了巨大的阻力，飞机很快就会进入失速状态。

综上所述，飞机能在空中飞行不单是靠飞机机翼的特殊形状，还要靠飞机机翼与运动方向有一个迎角。因此，即使飞机倒过来，如果机翼仍然保持与前进方向的正迎角，有足够的迎角升力，飞机也可以飞行。飞机在倒飞时，机头要比正常飞行时向天空上翘一些，这就是为了有足够大的迎角使机翼上产生足够大的升力，以维持飞机的倒飞状态。

倒飞的时候，飞行员真正需要留心的事情是谨防发动机熄火。普通的轻型飞机，大多数的储油和供油系统是靠重力供油，飞机倒飞时很容易停止供油，因为此时供油阀的位置变了，已经位于油箱的顶部。飞机在做负过载飞行时，只有借助于专门的装置，才能保证向发动机正常供油。飞机燃油系统负过载供油装置根据常用的结构形式，主要分为以下几类：双端供油泵式负过载供油装置、多泵高低位负过载供油装置、配重式负过载供油装置、蓄压油箱式负过载供油装置、混合式负过载供油装置。

进行倒飞的 F-16 "战隼" 战斗机

进行倒飞的 F-22 "猛禽" 战斗机

进行倒飞的 F-35 "闪电 II" 战斗机

→ 战斗机实行高低搭配的原因是什么

所谓的"高低搭配"就是用一款重型战斗机和一款轻型战斗机组成一个一高一低的作战体系，在战争的时候两种搭配实现优势互补，比如美国的 F-15 战斗机和 F-16 战斗机，F-22 战斗机和 F-35 战斗机就是一种"高低搭配"的经典战机体系。

"高低搭配"的思想是指高端保持技术上的全面优势，作为空中攻防的中坚；低端则有所为有所不为，但大大降低的成本使得保持足够的数量成为可能。与过去做法不一样的是，低端不是退居二线的过时战斗机，而是在设计的时候就确定为高端的补充。

高端战斗机主要以制空为主，低端战斗机则以对地攻击为主，这个思想在 F-22/F-35 的搭配上也体现出来。差别在于，F-22 战斗机依然一如既往地注重空战能力，而 F-35 战斗机从一开始就强调作为战斗轰炸机来设计，在航程和载弹量上十分优秀，但作为空战战斗机来说就不尽如人意，这也是 F-35 战斗机众多争议中最重要的一个。

一般来说，"高低搭配"有美国和俄罗斯两种模式。

美国空军的"高低搭配"必须满足进攻性空军的要求，高端战斗机担任把空战引向敌人天空的攻势制空，低端战斗机一方面用作高端战斗机数量不足时的填空补缺，但更重要的作用是用作战斗轰炸机，把敌人战斗机摧毁在地面上以配合攻势制空，并在夺取敌人天空制空权之后对敌人地面的一般目标进行广泛攻击。空军的最终作用还在于辅佐或者决定地面的战争。

俄罗斯的"高低搭配"是区域联防式的。例如苏 -27 和米格 -29 战斗机都以空战为主，在机动性、武器配备和电子系统方面并没有质的差别，这从两者共用 R-27 中程空对空导弹和 R-73 近程空对空导弹作为基本空战武器也可以看出来。但米格 -29 战斗机的机内燃油量和航程明显低于苏 -27 战斗机。也就是说，俄罗斯的模式是防空为主，如苏 -27 战斗机担任外线防空，米格 -29 战斗机担任内线防空，两者的分工在于作战空域的远近，而不是空战或对地攻击的差别，对地攻击有专用的苏 -24

战斗轰炸机或者米格 -27 攻击机承担。当然，后期米格 -29 战斗机具有多用途能力，可以发射各种空对地武器，双座苏 -27 战斗机也衍生出适合空对地作战的苏 -30 战斗机，但两者的远近分段依然存在。

苏 -27 战斗机侧前方视角

F/A-18 "大黄蜂"（右）与 F-14 "雄猫"（左）战斗机实行高低搭配

第 7 章

战斗机飞行员如果感到疲劳怎么办

睡眠对于调节人的精神状态、补充体力具有十分重要的作用。如果飞行员在空战战场上连续作战，一旦感到精神疲惫，缺乏睡眠，就会行动迟缓，战斗力下降。如今飞行员疲劳已经成为近20年来国际空难的一个重要原因。调查结果显示，45%的飞行员认为自己"严重疲劳"，大约20%的人坦言每周不止一次出现飞行能力受损的情况。如何找到一种可靠的办法来抵抗飞行员疲劳，便成了各国共同研究的问题。

服用特效药

对于空军来说，疲劳是飞行员的大敌，仅美国空军就有近百起因疲劳失事案例，其他军种更是不计其数。由于美军部署在全球各地，因此长程飞行是常事。以最先进的B-2隐形轰炸机为例，因为其机密、保养条件等因素，只部署在美国本土，每次到阿富汗、伊拉克执行任务时，一趟来回需30个小时。因此，美军特别重视对飞行员抗疲劳的研究。据报道，伊拉克战争中，为克服疲劳，美空军向飞行员提供了充分刺激大脑中枢神经的药品，主要成分是安非他命。虽然这些药物对士兵健康有一些副作用，但用来抵抗长期疲劳的作战任务还是很有效的。此外，美军还研制出一种新药，可以让直升机驾驶员服用一片后，劲头十足地连续工作40个小时，接下来睡上8个小时，再吃一片还可以连续工作40个小时。

佩戴防疲劳眼镜

近年来，美国国防部为了给飞行员提神专门发明了一种眼镜装置，其原理是在一副特制的眼镜框上装上光纤。光纤放出的白色强光与日出时的晨曦光谱一样，令飞行员提神而又不影响视觉。这种新发明的眼镜在北约空袭南斯拉夫期间投入使用，美国的轰炸机飞行员使用此"眼镜"由密苏里的轰炸机基地飞往欧洲，全程36个小时都保持着清醒状态。

英国国防部研究人员仿效美军也推出了一种特殊的眼镜。这种眼镜采取特殊设计，在不知不觉中调整了飞行员的生理时钟，使他们可以持续作战达 36 个小时而不需睡眠。如果士兵能有几次机会小睡 15 分钟，便可保持头脑清醒达 58 个小时。

使用睡眠软件

科学家经过大量研究发现，人在 24 小时的生理周期中，进入第 18 个小时后，身体感觉到疲劳，急需补充睡眠。

根据人的睡眠状态规律，美军把实验重点放在任务开始前记录飞行员的作息时间表上。在执行任务时，飞行员戴上活动变化记录仪（手表式睡眠监视器）以记录他们的睡眠时间。飞行员返航时，再将监视器中的资料下载至软件。此外，研究人员每天还要对飞行员测视 3 ~ 4 次视觉反应。研究时，每一个机组都有一名研究人员随行，研究人员测量睡眠模式并且向机组推荐主要睡眠时间。研究的最终成果是做成一个界面友好的软件，作战时飞行部队指挥官可用它来制定任务时间表。只要简单地敲几下键盘，"避免疲劳计划工具"即可生成任务期间的最佳睡眠时间表，只要按照时间表运作，就能最大限度地发挥人体潜能。

配装"抗荷军服"

美军 1 架 F-16 战斗机曾在训练中出现摔机事故，这是由飞行员的过载导致意志丧失而引起的。出现这一事故的原因是，当战斗机突然加速爬升时，由于惯性和离心的作用，飞行员的体内血液会急剧流向下身，造成头部缺血，从而失去知觉导致摔机事故。其实，在此之前，英军就已经找出有关这方面的原因，并想到通过研究长颈鹿来制作一种抗荷飞行员服装。这种世界上最高的动物，从心脏到大脑相距 3 米左右，供血难度极高。英军军事医学家们在解剖长颈鹿时发现：它的颈部动脉有几百条小血管，可以自动控制血压的突然升高或降低，大大提高了抗过载能力。于是他们便研制出了一种新颖的"抗荷军服"，从而保障飞行的安全。

战斗机飞行员进行飞行准备

即将进行飞行的战斗机飞行员

结束飞行任务的战斗机飞行员

→ 为何战斗机飞行员宁愿坠机也不愿跳伞

战斗机自从诞生以来，就受到各国的追捧，随着时代以及科技的发展，战斗机越来越先进，至今能够隐形的五代战斗机已经成为各国新一代战斗机的发展趋势。但是，再先进的武器也会有出现问题的时候，不同于地面武器，战斗机一旦出现问题，很有可能会发生坠毁事故，飞行员的安全也受到极大的威胁。

一般来讲，当战斗机出现险情即将坠毁时，跳伞是可能挽救飞行员生命的"终极选项"。但现实中经常遇到飞行员没有选择跳伞，因此而放弃了逃生的机会。

之所以经常有飞行员放弃跳伞逃生的机会，是因为军队对飞行员有特殊规定。首先，当发现战斗机出现故障的时候，战斗机飞行员要和地面取得联系，确认战斗机是否还能被控制，如果战斗机还在掌控之中，飞行员就不可以跳伞，需要尽量保存战斗机。如果确认战斗机故障不能解决，飞行员才可以跳伞逃生。此外，如果遇到特殊情况，诸如战斗机遭到攻击，或者战斗机爆炸等紧急情况，飞行员是不必请

第7章

示的，可以直接跳伞。但是如果战斗机状态还能操控，而飞行员却提前跳伞了，那么飞行员也会受到处分。

由于战斗机造价太过昂贵，一架五代战斗机的造价高达数亿美元，高昂的造价让人们不愿意轻易放弃战斗机。而且飞行员也和战斗机有一定的感情，有时候飞行员自己不愿意放弃飞机，即使战斗机问题很严重，飞行员也会试图重新操控飞机，等到实在回天乏力的时候，跳伞已经晚了。

除此之外还有一点就是，战斗机在居民区上空的时候，飞行员也不能跳伞，即使确认战斗机无法操控，也必须把飞机开到较空旷的地方才能选择跳伞逃生，这样就避免了飞机坠毁给平民带来伤亡。不过这也导致很多飞行员因错失跳伞良机而牺牲。

在世界各国，培养一个飞行员都是一件极为不容易的事情，不仅需要国家投入大量的时间、精力，还需要花费大量的金钱。因此，现在各国在面对战斗机故障问题时，首先保证的是飞行员的安全，其次才是战斗机。

飞行员进行被困作战演习

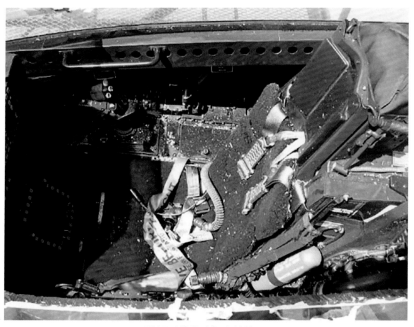

坠毁后的战斗机座舱特写

→ 战斗机编队飞行有何实际意义

编队飞行是指 2 架及以上战斗机按一定队形编组或排列飞行。在编队飞行中，各机之间必须保持规定的距离、间隔和高度差。基本的编队队形有楔队、梯队、横队和纵队。这些队形由单机或分队组成。编队飞行的中心问题是保持规定队形并充分发挥飞机性能。长机在选择飞行状态时应给僚机修正偏差的余地，僚机要与长机密切配合。飞行中，长机根据需要发出指令改变编队方案和各机的相对位置。

编队飞行是空中兵力部署的重要战术之一，要求精度高、纪律严、目视能力强，可用于攻击、轰炸、侦察、空投、搜索、掩护、防御、空中摄影、检阅、表演、训练等。战斗机在空战中采用正确的队形有助于取得空中优势，而脱离编队的单机则易受敌方攻击。具体来说，战斗机编队飞行主要有以下好处。

第一，有利于提高命中率和增强威慑力。战斗机的机动半径一般很大，在连续攻击同一个目标时，它必须来回在空中盘旋，盘旋的半径由战斗机的机动性能决定。如此一来，对特定的战斗机而言，攻击的次数是很宝贵的。基于这个特点，编队飞行的战斗机如果能同时攻击一个目标，那么命中率或者威慑力会更大。与此同时，编队飞行也能让多架战斗机互相保护，提高生存能力。

第二，可以帮助战斗机应对气流。众所周知，大雁飞行时经常采用"一"字编队和"人"字编队。"一"字编队对头雁的阻力最大，但是可以让后边的大雁得到暂时的休息；"人"字编队是流线型编队，头雁阻力与"人"字编队的大雁的阻力基本相等，但是"人"字编队里边的大雁阻力较小，而且气流经过调整，都是直线型气流，非常稳定。喷气式战斗机本来就是利用气流动力，对气流的控制必须达到高超的水平。战斗机编队飞行除了作战需要外，最重要的作用就是应对气流了。稳定的气流可以帮助战斗机编队快速机动。

第三，可以减少雷达反射。在现代空战中，密集编队方式已经较少运用，取而代之的是梯次和多层次配置的编队方式，如立体蛇形纵向编队、菱形编队等。但是密集编队方式在特定情况下仍能发挥重要作用，特别是在突袭行动当中，战斗机可以通过密集编队方式躲避敌方雷达的探测。在现代战争背景下，双方拉开架势打对攻的战争模式已不多见，一般战争的开始阶段都是采用突袭的方式拉开战争的序幕，而战斗机编队所形成的整体雷达反射相当于民航客机的反射，或者是带电云团的反射，无疑会大大提高战斗机编队的突袭成功率。

F-22"猛禽"战斗机编队飞行

T-50 战斗机编队飞行

F-16 "战隼" 战斗机编队飞行

→ 战斗机飞行员在飞行中如何上厕所

　　战斗机飞行员在飞行中上厕所似乎是一个非常普遍的问题。在战略和战术航空中，上厕所的问题是以不同的方式解决的。在所有大型飞机上，该问题的解决方法与在客机或长途火车上的解决方法没有什么区别。机体尺寸允许设计人员在此类机型中设立几乎普通的马桶。所有现代战略飞机上都配备有洗手间。在战略飞机上，机组人员可以连续在空中执勤长达 12 个小时或更长时间，有时甚至是一天。所以飞机上不仅有洗手间，还有便携式炉灶或微波炉来加热和烹饪简易航空食物。例如，俄罗斯图 -160 就有带卫生间的单独隔间，这种卫生间带有折叠式马桶设计。虽然小，但毕竟是一个独立空间，不用担心气味。

在战斗机和前线轰炸机中，上厕所问题更为严重。最初，它们被设计为最多飞行几个小时，但考虑到技术的发展和空中加油机的出现，飞机开始在空中停留 10 个小时以上。在这种情况下，任何飞行员都无法容忍。通常此类飞机都没有厕所。因此，飞行员需要使用专用的用于收集尿液的密闭容器，称为卫

军用飞机上配备的马桶

生罐。这样的容器可以在苏 -27 和米格 -29 战斗机以及苏 -34 战斗轰炸机上找到。卫生罐本身是设计上最简单的设备，每个飞行员都拥有。从外部来看，它是一个金属罐，其颈部相当宽。卫生罐内部含有特殊化学物质，可中和难闻的气味。这个简单且经过时间考验的设备，几十年来在战斗机上都没有改变。但是有一些不便之处，飞行员需要释放双手以解开工作服，这很考验飞机的自动驾驶系统。

美国也有类似的问题和解决方案。他们的战略飞机和运输机上有单独的卫生间。但是对于战斗机，也出现了困难。正如美国飞行员所说，他们也无法大范围上厕所，但确实有可能应付少量需求。

在很少持续超过 1.5 小时的训练飞行中，战斗机上根本不需要洗手间。现代战斗任务或穿越大西洋或者太平洋的飞行时间开始耗时 8 ～ 10 个小时，一些 F-15E 战斗机的美国飞行员在空中甚至停留了 15 个小时。在这种长途飞行中，美国飞行员使用耐用的聚合物材料制成的小袋，被亲切地称为 Piddle Packs（装尿液的袋子）。该设备是一个简单的柔性塑料容器，里面装有特殊的化学药品，该化学药品的形状是小的吸收性球

形颗粒。容器的填充物使尿液变成凝胶，消除了难闻的气味。袋子配备有特殊的锁，即使在超载、操作困难或损坏严重的情况下，凝胶也不会泄漏而带来不便。

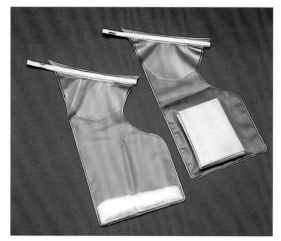

装尿液的袋子

军用飞机飞行员为何要戴氧气面罩

军用飞机飞行员在升空执行作战任务时都会戴上氧气面罩，这是为什么呢？

首先，随着飞行高度的升高，空气密度下降，空气中的氧气含量也会随之降低，当降低到一定程度时，飞行员会因缺氧而反应迟缓，缺乏对空中态势的正确感知与判断，无法正确执行预定任务，缺氧严重时会导致丧失意识，危及飞行安全。因此，出于飞行安全的考虑，当飞行高度大于4000 米时，飞行员都必须戴上氧气面罩。有些飞机座舱密封，可以向舱内供氧，即便如此，出于作战时的安全考虑，飞行员也必须佩戴氧气面罩，以防作战中因敌方攻击导致座舱破裂失压，来不及供氧而出现飞行员缺氧问题。

其次，吸取氧气的多少直接影响着人体的血氧饱和度，血液中血氧的浓度是呼吸循环的重要生理参数。缺氧对机体有着巨大的影响。低氧时首先出现的是代偿性心率加速，心搏及心排血量增加。严重低氧情况下，血压下降与心排血量降低，会出现室颤等心律失常乃至停搏。所以，要给飞行员足够的氧气保障。

第7章

而氧气面罩中所提供的是纯氧，飞行员操纵飞机，会消耗大量体力，如同普通人在地面进行剧烈运动后大口呼吸，为了保证吸入足够的氧气，在不能增加进气量的情况下，只能提高氧气的纯度，而供给纯氧，也是经过大量的实验数据得来的。而且空军飞行员需要高度警惕精力集中，对于氧气的要求比较高。

现代作战飞机已经可以在飞机上安装制氧装置，几乎可以无限制地向机上人员供气，提供生命支持。制氧装置制造的氧气一般也是纯氧，飞行员在空中也可以手动选择该氧气系统的供氧方式，将开关置于"纯氧"位置时，系统向飞行员提供纯氧；将开关置于"混合氧"位置时，系统便向飞行员提供接近于自然状态的混合氧。所以，现代战斗机的飞行员在飞行中已经不再是完全吸纯氧了，而是在作战过程中，不论在任何高度，都能以非常接近自然的状态进行呼吸，自如地进行作战。

美国 F-16 战斗机飞行员的头盔

美国 F-22 战斗机飞行员的头盔

美国 F-35 战斗机飞行员的头盔

→ 为何女性战斗机飞行员如此之少

女战斗机飞行员最早出现在二战。1941年6月苏德战争爆发后，苏联空军特地组建了女飞行员飞行团，这是历史上第一批女战斗机飞行员。当时，苏联先后组建了1个女子歼击机团和2个女子轰炸机团。歼击机团出动4419架次，参战125次，击落敌机38架、击伤42架，涌现了2名王牌飞行员。其中一人就是世界上第一个女王牌飞行员——苏联的战斗英雄丽达·李托娃。她一生参加空战66次，共击落敌机12架，另一人击落11架。

美国在二战期间，也组建了女子航空勤务飞行队，女飞行员曾多达1074名，也堪称技术熟练、飞行安全、健康出勤率高，其贡献不亚于男性。然而，1944年，美国却撤销了女子航空勤务队。1948年6月通过了综合法规，禁止妇女担负战斗或与战斗相关的任务，女性战斗机飞行员更是进入了沉寂期。直到20世纪70年代，一些国外军队才开始使用女飞行员。战斗机本身并不区分男女，它的性能来源于作战的需要。事实上女性完全可以胜任战斗机的驾驶工作，但从一些国家的经验来看，她们从事这项工作要面临更多的挑战。

首先，女性的肌肉力量尤其是上肢肌肉力量明显较弱，战斗机在高速飞行时，女性对一些装置的操纵会有一定困难。女性的呼吸肌、颈部肌肉力量较小，在加压呼吸及过载、弹射救生时，女性自身呼吸和对颈椎的保护较差；女性骨骼强度较低，剧烈运动中，下肢肌肉、骨骼损伤尤其是应力性骨折的风险较大。现代战斗机飞行强度极高，这对女性的体力、耐力是一大考验。

其次，女飞行员以前曾发生过事故。1993年，时任美国国防部长的阿斯平已经向女性开放战斗机飞行员的岗位。同年，美国海军出了第一名F-14舰载战斗机女飞行员——卡拉·哈尔特格林中尉。可是就在她成为舰载战斗机飞行员的1年后，在向航母降落时因飞机坠毁而死亡。

最后，由于女性的生理结构原因，在高过载的情况，很容易造成原有创面血管崩裂而大量失血，无法返航。如果发动战争，女性上战场也会不方便。不过女性战斗机飞行员也有优势，女性有着细心、缜密、敏感等特点，在现代军事行动中发挥了越来越多的作用。从美国、俄罗斯、韩国、巴基斯坦等已有女战斗机飞行员国家的经验来看，女战斗机飞行员在武器操控手和精密仪器使用、地形识别等领域，都有超过男性的表现。

美国女子航空勤务队徽章　　　　二战时期美国女子航空勤务队成员

→ 无人机飞行员与有人机飞行员的区别是什么

　　军用大型无人机，是现代战争中的新型作战力量。无人机升空后，飞行员必须时刻紧盯着各种数据仔细操作，尽管他们是坐在室内完成作战任务的，但他们的操控设备与有人机相似，每天的工作量也和有人机基本相同。无人机执行任务的全过程都需要人的指挥与控制，人依然是无人机系统中的决定性因素。

　　以装备数万架无人机的美军为例，其无人机飞行员又叫"操作员"。在四大军种中，美国陆军的无人机部署数量最多，其运转模式也相对比较成熟。陆军每年必须培养 2000 名无人机操作员，每名操作员每年飞行时间达到 1200 小时，大大超出了陆航直升机飞行员 450 小时的年均飞行时间。

　　美国海军规定只有军官和有飞行经验的士官才能操纵 25 千克以上的无人机，而士兵可以操作 18 千克重的"扫描鹰"等小型无人机。相对而言，美国空军对无人机操作员的要求最为苛刻，长期以来，只有军官才有资格操作空军装备的无人机，而且必须是飞行经验丰富的有人机飞行员。近年来，随着战斗机飞行员数量"吃紧"，在美国国会持续施压下，空军被迫同意让不是飞行员的军官担任无人机操作员，但他们不享受飞行津贴。

由于美国空军无人机操作员很少具备陆军那样丰富的实战经验，美国空军飞行员转为无人机操作员通常要进行长达 15 周的培训，好在大多是转行的资深飞行员，培训课程的淘汰率不足 2%。但作为一名无人机操纵员，各种待遇却随之下降，他们既失去了飞行机会，又失去了飞行补贴。为解决这些矛盾，美国空军决定为无人机操作员发放同样的飞行津贴，而且规定飞行员转为无人机操作员 2 ~ 3 年后，可以返回飞行联队继续驾驶有人飞机。

MQ-1 "捕食者" 无人机操作员

RQ-4 "全球鹰" 无人机地面遥控装置

→ 如果鸟撞击到军用飞机会怎么样

鸟撞作为一种多发性、危险性事件，一直是威胁飞行安全的重要因素。目前，全世界军、民航每年大约发生 1 万余次鸟撞事件，由鸟撞造成的经济损失约 100 亿美元。如果鸟撞击到战斗机，处理不好就会造成机毁人亡的重大飞行事故，历史上因为鸟撞导致机毁人亡的真实案例可谓不胜枚举。

飞鸟撞战斗机，对战斗机和飞行员都构成了严重的威胁，所有航空飞行器都怕飞鸟，自飞机诞生起，这一问题就已经存在了，螺旋桨和喷气式飞机都一样，两者概不例外。

因为战斗机相对速度较大，与飞鸟相撞后的力量就大，当两者不幸相撞时，超过战斗机某一部件的承受力，就有可能损坏战斗机的机体或零部件，严重的会直接威胁战斗机的飞行安全，以及飞行员本身的安全，特别对于单发动机的战斗机来说，危险远比双发动机的战斗机要高。

如果飞鸟撞坏战斗机前面的挡风玻璃，就会直接影响飞行员操控战斗机，甚至将直接影响飞行员的生命安全，一架没有飞行员操控的战斗机是非常危险的，就是一枚超级航空炸弹，落地时的结果可想而知。若是飞鸟直接和战斗机的喷气发动机相撞，撞坏发动机的叶片，飞鸟被强大的气流吸进航空发动机内部，那么灾难一定会发生。据统计，世界上由鸟类引起的飞行事故几乎每年都有发生，这是因为鸟类一旦飞进战斗机的喷气发动机内，就会造成故障甚至引起爆炸。

F-15战斗机在飞行时遇上飞鸟

假如战斗机不幸被飞鸟撞上以后，飞行员会对机体、发动机的工作情况做一次细致的检查，判断工作正常后才能继续飞行，如果有异常情况发生，就要根据飞行所处的位置和损坏程度，迅速到附近的机场着陆或迫降。

对于直升机来说，与鸟相撞的概率

直升机驾驶舱与飞鸟相撞

相对较小。这是由于直升机螺旋桨的直径大于直升机本身的长度，而直升机的发动机就在螺旋桨下方。直升机依靠螺旋桨产生巨大往下的气流托起直升机，然后调整角度飞行。所以鸟类一进入直升机旋翼下方就被吹下去了，不存在吸入发动机甚至撞击的可能性。

与飞鸟相撞的战斗机底部

飞行中的 AW-101 "灰背隼" 直升机

双座战斗机上的飞行员如何进行分工

目前的双座战斗机可以做如下分类：第一类是从双座座舱的布置形式来分，可以分为串列式座舱和并列式座舱；第二类是从前后座 / 左右座的飞行员承担的任务职责来分，可以分为根据单座战斗机改进设计，为了满足单座战斗机的飞行员培训和训练要求的同型双座教练机或者真正的双座战斗机。

从双座座舱的布置形式来看，串列式座舱就是两名飞行员的座椅呈前后分布，一前一后坐在座舱内，共用一个座舱盖或使用分离式座舱盖。

串列式座舱的好处是，如果是由单座型战斗机改进而来的双座机，只需要把座舱区域拉长、抬高即可，设计难度相对较低，对机体的空气动力学特性、气动阻力等影响也较小，有部分战术飞机诸如 F-15C、米格 -29K 甚至在设计之初就已经给双座座舱预留好了空间，改进为双座机几乎没有难度；劣势则是两名飞行员距离较远，某些特定情况下不方便前后舱飞行员及时交流沟通。

并列式座舱则是两名飞行员的座椅呈左右分布，同大型轰炸机或民航飞机的飞行员座椅布置类似，一左一右坐在座舱内，同样使用一个座舱盖或使用分离式座舱盖。并列式座舱的好处是两名飞行员距离很近，不仅可以用机内通话线路沟通，还可以用更加方便的手势与眼神沟通，更加方便两人协作配合。劣势则是战术飞机迎风阻力较大；如果是由单座机改进而来则需要对空气动力学特性进行大调整，设计难度相对较高，而且改进之后相对原型飞机的性能会有较大下降。

大多数的双座战斗机和战术教练机都沿用了串列式座舱的布置形式，只有俄军的苏 -24M、苏 -34 以及美军现在已经退出现役的 FB-111 这 3 种前线战术轰炸机才使用了并列式座舱。这 3 种飞机使用并列式座舱的缘故都是它们所承担的包括有大量低空超低空突防、向敌军战役纵深实施穿透性攻击的任务，对飞行员的协同配合要求高，对飞机的格斗空战性能要求反而较低。使用并列座舱更便于两名飞行员相互协调完成预定作战任务。

如果从双座型飞机两名飞行员承担的任务类型来看，同型双座教练机就是在某型战术飞机的基础上改装的双座机后舱加上一套跟前舱完全相同的操纵与显示系统，有些飞机可能还会加上比较特别的暗舱支架与遮阳罩。

同型教练机一般同基准型单座机混编在同一支战术空军部队，承担的任务主要有：新飞行员科目带飞，老飞行员恢复飞行——通俗来讲就是战斗训练任务。

当然，在防空识别区执行巡逻任务或者空中战役任务时，双座机由于有两名飞行员，可以交替驾驶飞机或者在后座放一个空中指挥员靠前指挥，也有着一定的特殊优势；而双座战斗机相对于同型教练机，虽然在后舱一般也会预备一套飞行操纵系统，但后舱飞行员的主要任务就不再是监督指导前舱飞行员飞行了，而是前后协作配合，操纵雷达与电子战设备，制导某些大型空对地任务载荷，等等。

飞行员正在操作双座战斗机

苏 -27UB 教练战斗机座舱分布

军用直升机出现故障飞行员该如何逃生

众所周知，战斗机飞行员在飞机出现无法处理的故障时，会启动弹射逃生装置进行跳伞。战斗机的弹射都是先炸开座舱盖，然后通过安装座椅上的火箭装置向上进行弹射。如果直升机也像战斗机那样向上弹射跳伞，就会直接撞到直升机的旋翼，不仅没救到飞行员，反而会有生命危险。

尽管如此，俄罗斯的卡-50 和卡-52 直升机还是配备了弹射座椅。其所配的 K-37 弹射座椅是唯一一种直升机弹射系统。飞行员启动弹射后，飞机座舱盖被炸开，然后座椅底部的弹射火箭将座椅和飞行员弹射出机舱 40 米的高度，降落伞张开随后飞行员将以低于 7 米 / 秒的速度降落到地面。而对于没有配备弹射座椅系统的直升机来说，飞行员要想活命，首先需要直升机拥有较好的防护能力，其次是需要做到坠而不毁。

对于低空和超低空飞行的直升机来说，因为非常容易受到地面轻重火器的攻击，所以就得在重点部位，如驾驶舱、发动机舱和旋翼部分布置装甲，来提高自身的防护能力，做到尽量不被击落。例如俄罗斯的米-28 "浩劫" 武装直升机，这款直升机在驾驶舱部分，安装了钛合金、陶瓷装甲和防弹玻璃，可抵御 7.62 毫米和 12.7 毫米子弹的直接射击，或者 20 毫米炮弹的破片。如果旋翼部分被子弹击中的话，通常不会造成结构性的损害。

虽然直升机都具备一定的防护能力，但是谁也不敢保证它不会被击落。直升机在遭到打击无法维持飞行时，在 200 米以上的高度，可以进入自旋降落，也就是说转动的旋翼会减缓坠

美国陆军 UH-60 "黑鹰" 直升机

落的速度。虽然这个速度要比正常着陆快，但是也比直接摔地上安全性高。另外，为了提高乘员的存活率，直升机还进行了耐坠毁设计。

例如 UH-60"黑鹰"直升机，它配备了带重型减震器的后三点式固定起落架，可在坠毁时吸收近60%的冲击力。机身采用半硬壳式轻合金抗坠毁结构，4条纵向龙骨架和4个主要受力框连接在一起，下方填充蜂窝材料，在坠毁时通过机身结构变形进一步吸能。最后，该机的座椅由装甲椅盆、能量吸收器、坐垫、约束系统组成，这些零件会在坠地瞬间进一步吸收能量。另外，为了防止在坠地瞬间机内仪器乱飞对飞行员产生伤害，还配备有安全气囊。

卡-37 弹射座椅

米-28"浩劫"直升机飞行员进行飞行前检查

为何客机飞行时不能打开舱门，而部分战斗机却可以

民航客机用于输送乘客进行长途快捷旅行，民航运输特别强调安全性、经济性和乘客舒适度。从经济性的角度考虑，现代民航客机一般选择 8000 米以上高空作为巡航飞行段。而高空开放环境与乘客平常在地面的生活环境相比有很大的不同，会使人产生一系列不良生理反应。

随着飞行高度的增加，大气压力明显下降。在海平面到高度 3000 米范围内，大气压力下降对人体产生的影响尚不明显；高度 3000 ～ 5000 米范围内，开放环境中静坐状态下人体吸入氧气的压力下降，身体会产生一定的代偿反应；高度 5000 ～ 7000 米范围内，代偿反应已不足以补偿缺氧造成的影响，人体会有明显的机能障碍；高度 7000 米以上，代偿反应已不能保障重要器官最低供氧需求，开放环境中人会发生意识丧失，危及生命。

同时，随着飞行高度的增加，环境温度也会明显下降。温度随高度变化的一般规律是，高度每增加 1000 米，温度将降低 6.5℃。假设夏季地面温度为 30℃，高度 10000 米飞行时，机外环境温度只有 - 35℃，如果在此高度上打开舱门，身着单衣的乘客显然难以抵御如此严寒，生命将受到严重威胁。

所以，从气压与温度变化的规律可以看出，民航客机在飞行时是严禁打开舱门的。

但是，战斗机在高空飞行过程中，即使座舱盖意外开启，飞行员仍然能够继续执行任务，原因主要有以下几个方面：一是战斗机在设计上用于执行作战任务，本身就存在遭到敌方攻击时座舱盖破裂的可能性，已经考虑到飞行员的个人防护问题，飞行员在执行作战任务过程中会佩上氧气面罩，得到持续供氧，不会出现高空缺氧的问题，飞行员也会配戴护目镜，强气流冲击条件下也不影响飞行员观察飞机仪表和空中情况；二是战斗机的机动性非常好，一旦出现高空飞行座舱盖破裂的情况，飞行员可在短时间内操纵飞机迅速下降至安全高度；三是战斗机飞行员受过相关的专业训练，这是普通民航机乘客所无法比拟的。

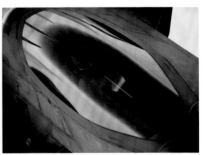

美国 F-35 战斗机开启座舱盖　　　　　战斗机座舱盖特写

→ 现代战场上还有三人驾驶的战斗机吗

　　在驾驶战斗机的时候，最主要的就是看驾驶员的操控，一般来说，只需要一个人就可以完成。虽然也有两个人驾驶的，但是对于两人驾驶的战斗机，位于副驾驶上的飞行员，其作用也就相当于后备人员，最主要的任务还都是由驾驶人员完成的。所以说，副驾驶上的飞行员，几乎可以说是没有什么任务的。

　　不过，在二战时期，确实有过三人驾驶的战斗机。在二战时期，有一款十分有名的美国 TBD "蹂躏者" 鱼雷机。这款鱼雷机就是需要三个人同时操作的。会出现这样的情况，主要是这款鱼雷机在发射武器时候的设计导致的。驾驶员主要负责炸弹的发射，而位于副驾驶的飞行员最主要的工作就是负责操作瞄具，而第三个驾驶员最主要的工作就是需要操作无线电。值得一提的是，苏联在冷战时期有一款图 -128 三座教练机，但出镜率并不高。

　　不过，现在随着科技越来越发达，人

飞行中的 TBD "蹂躏者" 鱼雷机

工智能也开始越来越多地被运用在军事武器上。所以，现代的战斗机已经不需要三人驾驶了，因为有很多工作是完全可以依靠人工智能来完成的。或许，随着科技的发展，两座战斗机也基本只是用来作为高级教练机使用，用来作战的两座战斗机基本上都是对地攻击机，即便是这样，随着雷达的发展，第二个人也显得有点多余。或许再发展下去，战斗机也可以完全实现无人驾驶了。

展览中的图-128 三座教练机

→ 民航飞行员能否作为战斗机飞行员上战场

军用作战飞机的飞行员和民航客机的飞行员虽然都被称为"飞行员"，但是两者在身体素质要求、培养体系、飞行操纵技术等方面的要求都存在天壤之别：民航飞行员需要学习起降、平稳驾驶、熟悉航线、地图、应急状况应对；而这些对于军用作战飞机飞行员来说仅仅是"入门级"的标准，作为作战飞机的飞行员还需要学习大机动、空战格斗、编队战术、空中武器控制引导、跳伞、敌后生存、轻武器使用等有关科目。

军用作战飞机的飞行员的选拔要求和训练成本都大大高于民航飞行员，而且选拔和培训都是两套不同的体系，只有初级理论和飞行训练可以合并教学。因此，大多数情况是军用作战飞机飞行员退役后进入民航当客机飞行员，绝少出现客机飞行员参军转行为军用作战飞机飞行员的情况。

二战时期飞行员的培养还相对比较容易，有汽车驾驶基础更容易成为战斗机飞行员。一战时期，很多没有飞行经验但有文化基础的，只需要经过短时间培训就可以上天作战。这主要是因为早期飞机结构简单，容易掌握，战斗机也不过是机枪机炮而已。现在的战斗机可就不一样了，和民航客机相比，完全是两种风格，共同点并不多。从身体素质要求方面来说，战斗机飞行员要求更高，民航客机和战斗机的性能差别也非常大，战斗机飞行员飞超音速是很普遍的，高速机动需要更高的抗过载能力，这些都是需要从一开始就训练出来的。所以，两种机型的飞行员起点要求、训练科目都不一样。另外，飞行员的驾驶风格很容易养成习惯，两种飞机的性能不同，导致两种飞机的飞行员驾驶风格也不同，战斗机更加灵活。

民航飞行员当中也有一部分是战斗机驾驶员出身的，这在早期民航飞机发展的快速期很正常，民航缺人，战斗机飞行员素质由于要求高，一般40岁以后就得退役了，所以转行去当民航飞行员也是很不错的选择。

美国战斗机飞行员制服

常见民航客机飞行员制服

飞行员的共同点是，虽然机型不同，但心理素质、对空中环境的认知、适应能力都是合格的。但民航飞行员只能说是对航空设备的适应能力要更快，毕竟也是开飞机的，基础原理是有共性条件存在的。不过现在的战斗机应该不适合民用航空公司的飞行员，主要是民用航空飞行员需要稳重，而战斗机驾驶员正好相反。民航飞行员要求安全，战斗机驾驶员需要有冒险精神。

民航客机飞行员正在操作飞机

→ 战场上为何不能向已经跳伞的飞行员射击

随着时代的发展，战争已经不仅仅发生在陆地上。在美俄一直强调的三位一体核打击力量中，飞行员就起到了非常重要的作用。但是很多人不知道的是，在国际空战中有一条规定：不能射杀已经跳伞的飞行员。

其实这一传统是从一战时期流传下来的，最开始只是在英国和德国的飞行员之间流行。当时的飞机只是用来执行侦察任务以及为炮兵指示目标，飞机并不具备攻击能力，再加上当时的飞行员很多都是欧洲的贵族，为了显示自己的风度，甚至会和敌方飞行员欢快地招手。

但是这个传统却存在一个问题。如果你放过了跳伞逃生的飞行员，那么下一次，他便有可能会驾驶飞机将你所驾驶的飞机击毁，那么你能不能逃生就是一个很难说的问题。不得不说，这一规定其实也是对人性的一种考验。

二战时期人口死亡的数量触目惊心，是近现代战争中人口死亡数量最多的一次。各个国家的飞行员数量也是在二战期间急剧下降，随着飞行员越来越少，各国开始有所收敛，不射杀跳伞飞行员便成了一种不成文的规定。为了加大飞行员在战场上受到保护的力度，后来《日内瓦公约》收录了这一规则，并且在国际范围内都得到认可。

众所周知，飞行员的选拔条件非常严苛，而要培养出一名优秀的飞行员更是要投入非常多的时间和金钱，一名飞行员本身的价值已经超过了一架战斗机。不同的是，战斗机只需要有钱就可以制造，而一名优秀的飞行员却是可遇不可求的。也正是基于以上两个原因，不准射杀跳伞的飞行员这一传统得以流传至今。虽然有的国家不遵守，但是也为此付出了代价。

跳伞的飞行员

现代飞行员进行身体评估

第8章
作 战 篇

　　空中作战是指航空兵进行的各种作战行动的统称，包括空中进攻作战，防空作战，支援地面或海上作战，空中特种作战，以及战时航空侦察、电子对抗等。空中作战具有作战区域广、兵力机动快、突击威力大，能有效地摧毁敌方军事实力、削弱其战争潜力等特点，对战争的进程和结局有重大影响，是现代战争的重要作战样式。

→ 概 述

空中作战包含利用轰炸机攻击敌方部队(战术轰炸)或者敌方的民生生产单位(战略轰炸);战斗机之间战斗争夺制空权;攻击机执行空中密接支援攻击地面目标;海军航空战力;滑翔机、直升机运载空中单位,如伞兵;空中加油;运输货物和人员。现代空战还包含了导弹以及无人机参与的战争形式。地面军力可能会以对空武器回应敌方空中活动。

不列颠战役是人类战争史上首次空战战争,证明了战略性的大规模空袭将直接影响战争的进程,显示出制空权在现代化战争中的重要地位,并证明了防空的战略意义。由于不列颠战役的胜利,所以英国得以保存下来,而英国的坚持抗战,把德军拖入了致命的长期持久战,而且成为日后英美反攻欧洲大陆的跳板,使德军陷入了两面作战的困境。

在1940年7月至10月不列颠之战的最关键阶段,德军出动飞机共约4.6万架次,投弹约6万吨,被击落各型飞机1733架,被击伤943架,损失空勤人员约6000人。英国空军损失飞机915架,飞行员414人。德英双方飞机损失比0.528:1,飞行员损失比0.069:1。在空袭中,英国被炸毁的房屋超过100万幢,无辜平民死伤达14.7万,占英国在战争中死伤人数的20%。至1941年5月,德军在对英国空袭作战中,损失的飞机更是超过2000架,英军损失飞机共995架。

第二次世界大战期间,参战的一些主要国家建立了庞大的歼击、强击、轰炸航空兵,有的国家组成若干个空军集团军(航空队),组织规模巨大的空中作战。如战争初期德国空军对波兰、法国、苏联的大规模空袭,1940年

F-20 "虎鲨" 战斗机发射导弹

7 月 至 1941 年 5 月德国空军轰炸英国的不列颠之战，1940—1945 年英、美空军对德国本土进行的战略轰炸等，在战争中起了重大作用，并形成了一整套空中作战原则和方法。

战后，随着高技术航空装备的不断涌现和大量先进的指挥控制系统、电子对抗装备、精确制导武器投入使用，促进了作战方式的变革，空中作战在现代战争中的地位进一步提高。

随着现代军事技术的飞跃发展，空中作战将在激烈的电子对抗中，全方位、全高度、全纵深同时进行，作战的突然性、快速性、机动性、连续性不断提高，并将导致空中作战理论的发展和作战方式、方法的变革。

F-117 "夜鹰" 战斗攻击机前侧方视角

F/A-18E/F "超级大黄蜂" 战斗攻击机正在着舰

A-10 "雷电 II" 攻击机正在执行作战

第 8 章

→ 战斗机是如何躲避导弹的

战斗机刚出现的时候，各国为了应对其他国家的战斗机，通常都会选择研制更加先进的战斗机，以作为敌机的克星。随着技术的发展，空空导弹的智能越来越高，自动跟踪锁定目标的空空导弹逐渐成为战斗机的噩耗。因此，躲避导弹成为空战战术中的一门很重要的学科。

据悉，目前各国所列装的战斗机，几乎都加设有电子干扰设备，或者直接装备红外干扰弹。其中，电子干扰设备能够对导弹的电子信号进行干扰，从而使得导弹寻找不到自己需要打击的目标，届时战斗机就能够趁机逃离导弹的射程范围，而红外干扰弹与电子干扰设备一样，均能够使导弹失去目标方向。

诚然，红外干扰弹以及电子干扰设备确实能够在一定程度上干扰导弹，进而保障战斗机的安全。只是现如今各国列装的防空导弹使用了更加先进的技术，这就使得战斗机上的电子干扰设备不能够百分之百干扰导弹，即是说，战斗机依旧有被导弹击中的可能。正是因为存在这样的情况，因此各国才会格外重视飞行员驾驶战斗机躲避导弹的训练。

而在进行相关模拟训练的过程中，飞行员们发现，要是自己驾驶的战斗机不幸被导弹锁定，届时完全能够通过数次垂直向上飞行的操作躲避导弹锁定。这是因为导弹通常不具备大矢量转弯能力，当今世界上常见的防空导弹以及空空导弹均需使用固体燃料推进，这种燃料存在一个比较明显的缺陷，就是经不起消耗。

导弹之所以能够以一定的速度沿弹道飞行，主要依靠导弹发射时产生的动能维持，此时如果战斗机采取了垂直向上飞行的动作，导弹势必需要耗费更多的能量进

F-4 "鬼怪 II" 战斗机机身下挂载的导弹

行爬升追击。若战斗机多来几次垂直爬升，导弹的动能会被更快地消耗，届时导弹只能提前爆炸或者坠落。不过这种方法的操作难度比较大，如果不是对追击导弹有一定的了解，并且掌握足够丰富的飞行经验，一般飞行员很难顺利逃脱导弹的锁定。

防空导弹与两架 F-16 "战隼" 战斗机交战图

飞行员为 F-16 "战隼" 战斗机安装导弹

F/A-18 "大黄蜂" 战斗攻击机正在安装导弹

→ 现代战斗机在空中是如何作战的

　　战斗机进行空中作战时，可能会因执行的任务不同，行动的方法会有所不同。如进攻性制空任务的行动方法就与防御性制空任务不一样，空中阻滞任务的行动方法就与近距空中支援不一样。但把不同任务的不同行动方法的共性归纳起来，也能看出现代战斗空中作战的一般过程。

　　一是地面任务准备。在接受任务后，要计算出所需出动的兵力；确定武器挂载方案；选择飞行航线和飞行剖面；确定空中加油、电子战、预警指挥、战斗搜救等支援保障兵力的出动需求；确定会合点和空中加受油空域；组织计算机任务推演，消解任务规划所发现的冲突点。

二是战斗出航。按规划的飞行航线和确定的协同规定，飞越己方部队前沿，保持无线电静默，对空中或地面目标保持搜索警戒，飞向预定任务空域。

三是接敌或进入目标。接敌或进入目标前应组织空中加油。攻击空中目标时，由空中预警机或地面控制截击中心引导，从迎头方向接敌。攻击地面目标时，由地面或空中前进空中控制员引导，从威胁最小、便于攻击的方向进入目标。在此过程中，电子战飞机采取干扰压制提供掩护。

四是攻击目标。由空中预警机或空中任务指挥官分配目标。攻击空中目标时，按先中距、后近距的顺序进行。攻击地面目标时，方法是按坐标攻击、自主搜索攻击或终端攻击控制员指示目标攻击，按先远后近的顺序进行。

五是退出战斗和返航。应从敌威胁最小方向退出战斗。在安全区域进行空中加油。按协同规定飞越己方部队前沿后，机群解散，飞向各自着陆的机场。

高速飞行的 F-15E "攻击鹰" 战斗机

海上飞行的 F-14 "雄猫" 战斗机

"台风" 战斗机进行编队飞行

第8章

→ 战斗机火力较弱，为何能成为空战主力

最早上战场的飞机都是侦察机，驾驶员不配备武器，而是带着望远镜，两方相遇后甚至会互相打招呼。1911 年，墨西哥内战中首次出现了侦察机飞行员用手枪对射的场面。1914 年一战开始后，法国人制造出了"莫拉纳·桑尼埃"战斗机，揭开了人类空战的序幕。

早期的战斗机功率小得可怜，只能搭载机枪，无法装炸弹，所以航空兵的精力都放在空战上。一战时期的空战在一开始就不是靠火力制胜的，而是靠飞行员的技术，因为当时的飞机飞得太慢了。20 世纪初的大部分战斗机的时速不到 100 千米，低空飞行会被步兵攻击，在天上被敌人咬住也很难逃脱，只有高空复杂机动才能取得空战胜利。当时的机械工程师绞尽脑汁加大飞机的功率，同时减轻机身的重量，让飞机快速并且灵活。

早期的战斗机机身使用的是帆布和木板，刮大风的时候甚至能将整架飞机吹起来。驾驶员、机枪、发动机是最重的东西，怎么把机枪尽量简约地装上飞机是个难题。一战时德国的"福克飞机"率先掌握"射击协调装置"，即把机枪放在驾驶员眼前，将开火按钮和驾驶设备合二为一，子弹发射和螺旋桨的旋转相协调，不仅减轻了重量，还提高了射击的准确性。

而英国和法国的战斗机会搭载多台机枪，把机枪装在机翼上，有时双座飞机的后座还有个专门的机枪手负责腰部射击。这种多机枪战斗机已经逼近当时双翼战斗机的设计极限，重量和操作性都不如德国飞机，空战中速度慢又不灵活，战斗力不如灵活德国的"福克飞机"。一战的前两年德国"福克飞机"统治战场，英法将这一时期称为"福克灾难"。

直到 1916 年法国得到了一架福克飞机的残骸，在研究了其"协调器"之后，英法的战斗机性能才跟上了德国。

到了二战时期，飞机的发动机技术突飞猛进，英、法、苏、德、日、美各国主力战斗机无论是速度还是续航，都是一战时期的几十倍。

二战的空战战术基本和一战一致，都是采用互相追逐然后用机枪决出胜负的方法。只是二战的战斗机飞行速度更快，机动更灵活，火力也更猛。为了追求极致的速度，二战战斗机的气动外形设计非常严格，无法在机身上加装武器，所以机枪都被整合在了飞机里面。也就是在这一时期，军用飞机的定位越来越专业，轻巧的战斗机只负责空战，而多发动机驱动的轰炸机取代"飞艇"成为对地攻击的大杀器。但是轰炸机被攻击时无法做出翻滚或者急转弯等动作，因为它装着大量的燃油、炸弹、弹药，高强度机动的风险很大。而战斗机凭借灵活的操作躲避弹幕，然后向轰炸机倾斜机枪子弹，几次冲锋就能获得很大的收获。

F-86 "佩刀" 战斗机

"莫拉纳·桑尼埃" 战斗机

福克 Dr.I 战斗机

第 8 章

→ 军用飞机的过失速机动在空战中起着什么作用

过失速机动是飞机超过失速迎角进行的迅速改变飞机速度矢量和机头指向的一种可控的机动形式。过失速机动飞行过程可分为三个阶段：第一阶段为建立大迎角阶段，拉杆使飞机以较高的俯仰角速率进入过失速迎角，在减速过程中到达并保持在某一大迎角位置；第二阶段为绕速度矢量滚转，目标是获得快速机头转向或瞄准能力；第三阶段是过失速机动改出阶段，推杆减小迎角改出失速，转为俯冲增速恢复到常规飞行状态。

早在 20 世纪 70 年代，德国梅塞施密特 - 伯尔科 - 布洛姆公司的研究就证明过失速机动可以显著改善近距格斗能力，但人们还是一度怀疑过失速机动在实战中的作用。随着近距空战被重视，过失速机动的战术价值重新被审视。

空战中最频繁发生的是低空和超低空近距空战。近距空战中最重要的作战品质就是迅速瞄准敌机的能力，即在攻击中不仅能快速地改变自身的速度矢量，还能使自己始终处于对手转弯半径的内侧，这样就能使自己更快速地进入攻击位置，先敌开火。过去的空战由于作战飞机的剩余功率较小，因而十分强调抢占高度的机动能力，以达到以高度获取速度的目的。现代战斗机在中等速度下剩余功率都很大，加速性都很好，爬升率都很高，速度上已经没有多大的差距，因此通过过失速机动获取更有力的角度优势，就成了捷径。

过失速机动的有效性，很大程度上取决于空战中的敌我相对位置、飞行速度、动力系统性能以及双方武器系统的能力。过失速机动能够使飞机迅速减速和快速改变机头指向，恰当使用，可以改变近距空战中的攻防站位，使被动战斗机处于有利的攻击位置；在使用全方位导弹的空战中，利用过失速机动可以在更大范围内攻击敌机，可以提供更多的发射导弹的机会；过失速机动迅速改变飞机姿态的能力还有利于战斗机规避导弹的攻击，减小遭受攻击的概率。比如，在空战中，当敌机离我机尾部很近并准备攻击时，可以尝试通过眼镜蛇机动的动力制动作用实现突然减速，使敌机错过我机，重新获得空中优势。具有过失速机动能力的飞机，在攻击敌机时，可以通过头部指向捕获目标，获得更多的武器开火的可能性。

在过失速机动飞行方面，美国与俄罗斯依旧走在世界的前列。未来，过失速机动在进一步提高三轴角速率、增强机动能力的同时，仍然会以扩大可用飞行包线、进一步减少飞行限制条件为发展目标。

高速飞行的 F-22 "猛禽" 战斗机

"阵风" 战斗机前侧方视角

高速飞行的苏 -35 战斗机

第 8 章

→ 战斗机的超音速巡航有什么实战意义

超音速巡航是指飞机在不开启后燃器的情况下能够持续在 1.5 马赫以上进行超过 30 分钟的超音速飞行。超音速巡航的提出主要是基于快速突防的战术思想。因此，该技术在未来的超视距作战中具有很大的优势。超音速巡航是第五代战斗机的主要技术特征之一，其实战意义包括以下几个方面。

更快抵达战区

普通的战斗机只能以 0.9 马赫左右巡航抵达战区，发生紧急情况时容易失去最佳时机，延误战斗机。而具有超音速巡航能力的飞机，有更高的速度机动性，反应能力强，能争取更多的时间，甚至先发制人，变被动为主动，快速追击敌机。对于国土广袤、领海宽广的国家，不可能密集地部署军事基地，这就对军用飞机的快速到达能力提出了很高的要求，因此超音速巡航的意义更大。

高速摆脱威胁

超音速巡航飞机一般具有一定的隐形能力，以超音速 1.5 马赫以上巡航时，直接抵达战区时间短，不容易被发现。即使被敌方的雷达发现了，敌方也只有很短的准备时间，而在这段时间内己方巡航飞机可能已经抵达作战区域或者冲出敌方警戒范围并远离，而敌方的防空武器也因为尾追困难，成为强弩之末而失去作用。

扩大拦截范围

普通战斗机因受机内燃油和巡航速度等限制，即使知道敌方轰炸机和攻击机已经在入侵的途中，也不可能快速地占据有利的拦截位置，并且现在远程战略轰炸机可以在防区外发射攻击武器后安全返航，更使普通战斗机失去作用。虽然普通战斗机在亚音速状态下可能比超音速巡航状态的飞机具有更大的作战半径，但是却没有超音速巡航的快速反应能力，当飞到预定空域时，敌机可能已经完成任务返航了。而具有超音速巡航能力的战斗机就可以解决这一难题，通过其快速抵达能力，加上武器初始动能更大，可以在敌机进入目标区域之前，将敌人拦截在其攻击范围之外。

扩大武器攻击范围

战场上，普通战斗机大多处于亚音速状态下，超音速巡航战斗机则有更多的攻击机会，它可以在超音速巡航状态下紧急发射攻击武器，此时武器的初速度很大，能在更短的时间和更大的范围攻击目标。

有利于红外隐形

具有超音速巡航的战斗机不需要开加力，可以减弱红外特征。F-14 战斗机的红外探测系统能在 140 千米外发现开加力的目标，而不加力的则只有 40 ～ 50 千米的范围。虽然现在红外探测技术在进步，但不开加力的方式依然可以有效地减弱红外特征。

米格 -31 战斗机在高空飞行

F-22 "猛禽" 战斗机在高空飞行

→ 直升机在低空作战中起着什么作用

英国陆军少将格里斯在 20 世纪 90 年代初大胆预言："未来 50 年内，空中机动的急剧增加将开创新的地面战场，占据统治地位的将是以武装直升机为主的空中机械化部队。"

战场重心不断向低空位移，为飞行化陆军的发展开辟了空间。低空是衔接地面战场与中高空战场的必经纽带。纵观世界低空作战的历史轨迹可以发现，飞得更高的空军战斗机并没有很好地主导这一战场空间，而直升机则以其夺取低空优势快速制胜的能力大显身手。1965 年，美陆军就组建了以直升机为主的空中突击师，并发展成为"贯穿所有战争低空"的重要工具。据统计，自 2001 年 10 月以来，美陆军航空兵在阿富汗和伊拉克已飞行 500 多万个小时。可以说，随着以远程投送和战役战术机动为核心的高机动作战成为基本作战样式，陆战场重心向低空位移的趋势已渐渐显露。

直升机具有"垂直起降""空中悬停""贴地飞行""多方向起飞着陆"等特点。与地面作战平台相比，直升机在快速反应、兵力与火力机动、信息攻防等方面优势明显。传统的旋翼技术已将直升机飞行速度提高到 350 千米 / 时左右，航程达到 500 ～ 600 千米。但当前直升机大国仍不断推出新概念、开发新技术，进而引发直升机世界一场高速度、远航程化革命，并拓展到隐形化、智能化、无人化领域。这些无疑增强了陆军的快速机动作战能力和对复杂战场环境的适应能力，使陆战形态更富于立体性、多样性、突然性。

长期以来，美俄两国直升机数量一直占据世界前两位。冷战时期，美苏直升机的发展理念形成鲜明对照：美军直升机主要用于对付苏军装甲集群；苏军直升机则主要用于空战中保护装甲集群。俄罗斯在总结车臣战争经验教训的基础上，改造直升机研发与运用，在开发大型运输直升机和智能型直升机等方面独树一帜。近年来，军事强国还结合空战发展趋势，勾画出直升机高速化、无人化、隐形化、智能化蓝图，将推动陆空战场的进一步演变。

"虎"式直升机正在低空飞行

低空飞行的 NH90 直升机

运输机可以当轰炸机使用吗

2020年，有消息称美国有意对美军现役的运输机进行改装，利用"弹药托盘"技术使其成为能够装备重型武器的"炸弹卡车"，通过大规模空投进行密集轰炸。

"弹药托盘"就是一种将弹药捆绑在智能托盘上的弹药撒布器，能够通过空投在短时间内发射大量炸弹或导弹。这种"弹药托盘"和传统的空运货盘一样采取滚装方式上机，然后采用传统空投方式从尾部跳板式舱门里投射出去。在美军2020年2月的一份文件中，将这项技术被称为是"装在盒子里的炸弹舱"，它可以让运输机远离威胁区域，然后发射大量武器进行打击。

2020年1月28日，美国空军特种作战司令部进行了一项演示，一架MC-130J飞机在犹他州的杜格威试验场进行了3次"弹药托盘"的投放测试。当时美国空军人员释放了5个装备有6枚模拟弹药的托盘，这些模拟弹药的重量与实弹相同，在低海拔和高海拔地区都进行了空投测试。而在2月27日，美国空军空中机动司令部又动用了一架C-17运输机进行了类似的演示，这架运输机2次空投了模拟的"弹药托盘"。

根据美军的报告，在测试中弹药被堆放在木制的托盘上，通过滚轴系统安装到运输机上，而且弹药托盘是一次性使用的，不需要回收。另外，研制出来的弹药托盘可以用在任何型号的运输机上，不存在专属问题。因此未来像C-130J"超级大力神"和C-17"环球霸王Ⅲ"这样不起眼的运输机可能会成为重型武器卡车。

美军拥有目前世界上规模最大的轰炸机部队，但是近年来随着其他大国防空能力的发展，以及轰炸机载弹量有限，使用成本也较高，让美军深感其传统轰炸能力已经越来越难以满足需要。2020年5月27日在米切尔航天研究所举办的一场活动中，美国空军作战集成能力部门的副主任克林特·海诺特少将认为，无论美国的轰炸机部队规模有多大，联合其他部队作战的需求也总是越来越大，因此需要使用货运平台来增加火力。

实际上，让运输机客串轰炸机的做法并不罕见。早在越战时期，美军就曾经用C-130来运输巨型的"雏菊剪刀"燃料空气炸弹，用来在越南的丛林中开辟直升机起降的机场。而现在美国空军特种作战司令部的 MC-130J 和 AC-130 特种作战飞机都具备对地轰炸的能力，能够挂载投放 SDB 小直径炸弹、"格里芬"反坦克导弹等；俄罗斯的伊尔 -76 运输机在设计之初就保留了对地轰炸的能力，能够在翼下挂载普通的航空炸弹进行对地精确轰炸打击。

不过，此次美军进行的"弹药托盘"测试与此前运输机对地轰炸的做法有一定的区别，因为投放的是防区外精确打击武器。相比普通航空炸弹，防区外精确打击武器射程更远；精度更高，自卫能力不强的运输机可以在距离目标足够远的距离上投放，随即掉头离开，其生存概率可以得到保障。不难看出的是，"弹药托盘"的加成可以使得美军空中防区外打击能力在短时间内显著提升。

C-17 "环球霸王 III" 运输机编队

C-130J "超级大力神" 运输机进行作战演习

伊尔 -76 运输机侧方视角

AC-130 攻击机与机组人员

军用运输机如何进行空投作业

空投作业是指利用伞降牵引系统将运输机所载武器装备及其他物资从空中投送到目标区域的一种技术。现代战争突发性强，作战节奏快，作战强度大，物资消耗大，时效性要求高，空投技术就成为部队战略开进和快速部署的重要支柱。空投在应对突发自然灾害方面，尤其是在陆路和水路交通受损而使救援人员及物资设备无法快速到达的情况下，具有十分重要的作用。

可靠的固定，是空投成功的必要前提。美国麦克唐纳·道格拉斯公司为了解决"悍马"装甲车在 C-17 运输机货舱内的移动问题，发明了一系列飞机货舱的系留装置，包括系留环、系留链、系留带、系留网等，它们用于针对不同类型的货物系留使用。除了系留，装货、投货还少不了导向、限动装置的帮助。它们就像火车轨道一样，为空投货物提供了导向、限动功能。空投出舱时，按一定的要求解除对货物的限动，货物沿导向装置的轨道顺序离机。目前，重装空投形式分为美国的双轨和俄罗斯的中央单轨两类。

有了系留、导向、限动装置，无论是"悍马"装甲车还是各国的主战坦克，都可以静止在飞机货舱，待飞临空投地域，飞机后舱门打开，投出牵引伞，由牵引伞的拉力解除空投货台的限动，将空投货台沿导向装置拖出机舱。牵引伞能否可靠地将货台牵引出舱，直接影响空投的成败和飞机的安全。这需要根据空投物重量及飞机平台操稳性能、空投高度、空投速度等，确定不同重量级空投货台的牵引比，选择适用的牵引伞。而中小件货物不需要牵引伞，是靠重力出舱的。

确保货物空投后能够安全着陆的两大关键就是伞降系统和缓冲系统。货台离机瞬间，由牵引伞拉出辅助引导伞，通过辅助引导伞依次打开稳定减速伞和主伞，主伞在充满空气后，收口张满，使装备减速并平稳降落。缓冲系统主要通过缓冲措施，进一步减轻装备及物资在落地瞬间所受的冲击。缓冲系统有气囊或者蜂窝结构缓冲系统，甚至还有缓冲火箭系统。因此，针对不同重量和不同类型的货物，会选用不同伞降系统和缓冲系统。

那么如何保证准确空投呢？空投过程中还有一个重要的环节，就是空投点解算。通过输入各种参数，详细计算空投轨迹，分析出最佳空投点来保证空投精度。空投是一个复杂的飞行任务过程，除了上述几种系统或装置，运输机上还设有计算机、监控器、多种控制板、信号指示灯等，与机上其他系统交联，保证空投任务的顺利执行。

C-17 运输机内部特写

常规空投一般在低空进行。随着现代精确制导及控制技术与空投技术的融合，空投系统投放后的控制能力得到极大提高。精确空投系统能使飞机远离敌人的攻击范围，从更高的高度实施空投，且能达到50～100米的空投精度。

C-17 运输机进行空投

C-17 运输机准备空投物品

→ 电子战飞机如何执行电子战任务

电子战飞机是一种专门对敌方雷达、电子制导系统和无线电通信设备进行电子侦察、干扰和攻击的飞机。其主要任务是使敌方空防体系失效，掩护己方飞机顺利执行攻击任务。

现代电子战飞机包括电子侦察飞机、电子干扰飞机和反雷达飞机。它们基本上是由轰炸机、战斗轰炸机、运输机、攻击机等改装而成的。美国的电子战飞机主要有 EF-111A "渡鸦"、EA-3B "空中战士"、EA-6A "入侵者"、EA-6B "徘徊者"、EC-121 "星座"等型号。俄罗斯的电子战飞机主要有雅克 -28E、伊尔 -20 "黑鸭"等型号。

电子侦察飞机装有多频段、多功能、多用途电子侦察和监视设备，主要用于飞临敌国边境附近或内陆上空，对敌电磁辐射源进行监视、截获、识别、分析、定位和记录，获取有关敌方雷达、通信、武器信息，以及电力线和汽车行驶时发出的电磁辐射等情报，供事后分析或实时将数据传送给己方指挥中心和作战部队，为实施电子对抗和其他作战行动提供依据。

电子干扰飞机装备多频段、大功率雷达和通信噪声干扰机、雷达告警系统、欺骗式干扰和箔条／红外无源干扰物投放器等，主要用于遂行电子战支援干扰，压制敌防空系统，以掩护攻击机群实施突防和攻击。电子干扰飞机的支援干扰方式分为以下三种。

（1）远距支援干扰。由多架电子干扰飞机组成多个编队，在中空距敌目标 100～120 千米的安全阵位上，实施多方位、大纵深、宽正面的电子干扰，压制敌防空雷达网、战略战术通信网和防空火力网中的制导与瞄准系统，掩护攻击机群隐蔽突入敌目标区上空执行任务和安全返航。

（2）近距支援干扰。以 3～4 架电子干扰飞机伴随攻击机群飞临敌目标区附近，此后脱离编队，在距目标区较近的前沿上空做中空或低空盘旋，施放中功率噪声干扰、欺骗干扰，以及箔条干扰，掩护攻击机群突袭敌方目标，空袭完成后伴随攻击机群返航。

（3）随队支援干扰。干扰飞机与攻击机群混合编队突入敌目标区上空，干扰飞机沿航线在编队内施放噪声干扰、欺骗干扰和箔条干扰，压制敌防空火力网的电子系统，掩护攻击机群实施空袭。

反雷达飞机是一种压制敌防空火力的"硬杀伤"电子战飞机，如美国的 F-4G"野鼬鼠"反雷达飞机，机上载有 AN/APR-38/47 雷达告警接收机／电子战支援系统和"哈姆"高速反辐射导弹、集束炸弹和空空导弹，还有自卫用的有源干扰吊舱和无源干扰物投放器。这种飞机的主要任务是用反辐射导弹直接摧毁敌地面雷达和杀伤操作人员。

总的来说，现代电子战飞机主要采用电子干扰、电子欺骗和电子摧毁三种作战手段。电子干扰是利用多频段杂波对电磁信号进行遮蔽，导致敌方电子通信系统瘫痪；电子欺骗是通过解析对方电子信号频率，然后利用相同频率的电子信号对敌方电子系统进行欺骗；电子摧毁是利用大功率微波和电磁脉冲或反辐射导弹对敌方的电子系统进行软硬打击，特别是大功率微波和电磁脉冲可使电路产生瞬时高压，从而烧坏电路板，使电子系统彻底瘫痪。

高空飞行的伊尔 -20 电子战飞机

EF-111A "渡鸦" 电子战飞机前侧方视角

飞行中的 EA-3B "空中战士" 电子战飞机

→ 军用飞机作战时，为何总是两架一起

　　战斗机两架或多架一起飞行是战斗机执行任务时战斗编组的基本形态。早在一战初期，飞行员往往会把欧洲武士作风带入空战，单打独斗。经过一段探索磨合，德国飞行员伯尔克提出"多架飞机不仅应当编队，而且可以编队飞行"，确立了由长机和僚机构成的双机编队形态，一直延续至今。

　　战斗机的编队包括双机、四机和多机，但双机是基本队形，是构成其他队形的基础。在空战中之所以采用以双机为基础的编队形式，主要原因如下。

　　一是能够合理分配对空搜索任务，保持有利的空中态势感知。空战时，谁先发现对手谁就能占得先机。双机编队飞行时，可分配编队中的一架飞机重点搜索某个空域，确保整个编队对威胁空域的全覆盖，单机则难以具备这种条件。

　　二是能够形成一定的兵力优势，并保持攻击连续性。双机编队选择攻击敌方一个目标时，具有兵力火力的优势，而且能达成连续攻击，可掌握战术和心理的双重优势。

　　三是可以形成有攻击有掩护、便于发挥整体威力的战斗单元。长机能够合理分配双机之间的任务，由战术态势有利的飞机实施攻击，另一架飞机可以采取伴动、欺骗或者夹击的战术进行配合。

F-22"猛禽"战斗机与僚机一起飞行

四是便于运用协同探测、协同攻击的战术。利用先进数据链进行双机共享态势感知和火控信息，实现对空中目标的协同定位，并由一架飞机发射机载武器，另一架飞机实施火控制导，达成对目标的隐蔽协同攻击。

苏 -35 战斗机与僚机一起飞行

现代战斗机虽然仍采用双机编队空战的形式，但因传感器和武器更加先进，双机编队的队形较以往更趋疏开，所以机动性更强。

米格 -31 战斗机与僚机一起飞行

→ 武装直升机是否具备击落战斗机的能力

军用直升机行列中，武装直升机是一种名副其实的攻击性武器装备，因此也可称为攻击直升机。它的问世使军用直升机从战场后勤的二线走到战斗前沿，由不具备攻击力的"和平鸽"变成在树梢高度搏击猎物的"雄鹰"。作为一种武器装备，武装直升机实质上是一种超低空火力平台，其强大火力与特殊机动能力的有机结合，最适应现代战争"主动、纵深、灵敏、协调"的作战原则，可有效地对各种地面目标和超低空目标实施精确打击，成为继火炮、坦克、飞机和导弹之后又一种重要的常规武器，在现代战争中具有不可替代的地位与作用。

一般来说，武装直升机主要用于对付地面目标，尤其是坦克和步兵战车等装甲目标，所以武装直升机也被称为"坦克杀手"。但同为飞行器，武装直升机难免会与低空飞行的固定翼作战飞机碰头，于是有不少人都会想象武装直升机与战斗机交战的情景，并且多数人都认为武装直升机必然不是战斗机的对手。

的确，战斗机一直是空中的主宰，不仅飞得高，飞得快，而且探测设备先进、武器齐全，可以说是为空战而生。而武装直升机是为打击地面目标设计的，特长是打击集群的装甲部队，其飞行速度和高度都远不如战斗机。然而，真正的战争并不是简单的数据比较，战场形势瞬息万变，什么情况都有可能发生，战斗机未必就能完全碾压武装直升机。

1982 年 10 月 27 日，伊拉克一架米 -24 "雌鹿"武装直升机击落了一架伊朗 F-4D 战斗机，成为人们提到两伊战争时最常讨论的话题。这场战斗的细节并不清楚，有说米 -24 直升机是用反坦克导弹迎头击落 F-4D 战斗机的，也有说是用机头机枪击落的。无论如何，这都是世界战争史上第一次直升机击落喷气式战斗机的战例。

其实，这不是米 -24 直升机唯一一次"击落"战斗机。2008 年 6 月，美国在路易斯安那州举行了一场军事演习，当时邀请了匈牙利空军的米 -24 直升机参加，在演习过程中，匈牙利飞行员依靠直升机特有的悬停、慢速机动和转弯半径小等飞行特点，在低空飞行利用地面地势做掩护，相互配合，令美国空军国民警卫队的 F-15 "鹰"式战斗机大吃苦头，在几天的演习中至少有 2 架 F-15 战斗机被"击落"。

要知道，F-15 战斗机是美国研发生产的全天候、高机动性的战术战斗机，至今仍是美国空军的主力战斗机之一。反观米 -24 直升机，只是一种中型多用途武装直升机，并不完全是专业的武装直升机，尺寸比专业武装直升机更大，也更重，所以灵活性不如专业武装直升机。虽然米 -24 直升机击落 F-15 战斗机只是小概率事件，但至少说明武装直升机对战斗机并不是毫无机会的。因为低飞的直升机利用地面杂波和本身旋翼产生的虚像，令战斗机雷达很难锁定直升机，中距导弹基本失效，如果靠近了用格斗导弹攻击，直升机也能利用干扰弹进行躲避，同时使用空空导弹进行反击。

当然，现实中武装直升机并不会主动与战斗机接战，当得到敌方有战斗机出动的信息后，武装直升机都会利用地势贴地飞行，主动撤离战区。所以，实战中很难出现武装直升机与战斗机缠斗的情景。

米-24"雌鹿"武装直升机编队

米-24"雌鹿"武装直升机在高空飞行

米-24"雌鹿"武装直升机在空中开火

→ 地雷是如何攻击飞行中的直升机的

地雷是埋入地表下或布设于地面的爆炸性火器，作战方式是守株待兔，由敌人自己闯进来引爆爆炸。随着科技的发展，一种集感测、微电脑处理与火箭技术于一体的地雷能腾空而起，对直升机进行攻击。

地雷反直升机的原理是，利用直升机飞行时发出的声响启动，继而腾空一定高度攻击低空飞行的直升机。这种地雷主要由声响预警识别系统、红外探测起爆系统和战斗部组成，布设在敌方直升机经常出没的地方。

地雷布设后处于休眠状态，只有声响预警识别系统"值班"，监听、识别直升机飞行时主旋翼和发动机发出的声响。预警识别系统一旦发现目标，立即"唤醒"地雷进入战斗状态，并启动红外探测器搜索目标。当地雷腾空至一定高度时会爆炸，将直升机击毁。

20 世纪 80 年代，为了对抗苏联的钢铁洪流，欧洲各国开始抱团发展武装直升机，一时间欧洲的武装直升机如雨后春笋。面对空中飞行的武装直升机，地面上的坦克处于劣势。于是，一向擅长发展军事黑科技的苏联提出了用地雷炸直升机的概念。早期研制的"速度-20"反直升机地雷有效探测距离只有 250 米，而且无法识别目标。后期研制的"旋律-20"反直升机地雷，经过改进并加入了模式识别技术。

"旋律-20"反直升机地雷由声探测器、多频传感器以及战斗部组成。当直升机进入到离地雷 1 公里以内范围时，地雷的声探测器会探测到直升机的声音，并辨明直升机的飞行方向，这时多频传感器会对目标进行捕捉、识别，

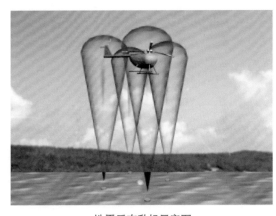

地雷反直升机示意图

当确定目标性质后，多频传感器会触发发射装置向直升机的飞行路线射出弹丸。弹丸速度极快，可击穿钢板，轻易摧毁距地面 100 米内的直升机。为了提高反直升机地雷的可靠性，它不仅可以自动控制，也可以在一定距离内手动控制。

2006 年 1 月 16 日，驻伊美军的一架直升机被伊拉克反美武装的一种"空中简易爆炸装置"击落，这种"空中简易爆炸装置"就是 2003 年才露面的俗称"旋律 -20"的俄制反直升机地雷。

之后，美国研制了一种声控智能反直升机地雷，这种地雷重 18 千克，由传感器与战斗部、指挥与控制两大部分组成。传感器是声 / 红外双重传感器，战斗部是具有多个爆炸成形的穿甲弹，拥有足够的能量对直升机造成巨大破坏。它还可以通过声传感器和信号处理器探寻直升机螺旋桨叶片的独特声响，并能分辨直升机的类型，其可靠性达 90%，防御范围为半径 400 米、高度 200 米以下的空域，战斗部的有效距离在 100 米以上。

此外，英国也在研制一种 AHM 反直升机地雷，这种智能地雷的工作模式类似于传统的"跳雷"，它的可靠性高，可防御方圆 400 米、高 200 米内的空域，能够在这一空域内筑起一道敌方直升机的"死亡线"。反直升机地雷布设手段简单多样，不仅可以人工布设，还可以由直升机或者地面车辆布设，伏击直升机也无须人员监控，优点显而易见。目前现役的智能反直升机地雷主要有保加利亚的 AHM-200、俄罗斯的 TEMP-20、伊朗的"雷电"等。

飞行中的 NH90 直升机

坠毁的直升机

飞行中的"虎"式直升机

→ 教练机可以参加实战吗

　　教练机顾名思义就是用于训练飞行员的飞机。如今很多教练机除了可承担起训练飞行学员的任务，还可以承担起对地火力支援、攻击等普通作战任务，教练机中的高级教练机甚至具备轻型战斗机的绝大部分作战能力，拥有比较强大的综合作战能力。

　　目前世界上的先进教练机，均具备实战空地打击甚至空空作战能力。其中的关键在于为教练机配备连接指挥控制、传感探测以及武器管理的数据总线，使得教练机可以携带武器作战。教练机参加实战在国外应该说是非常常见的，很多国家由于军费不足，加上空军处于起步阶段，往往是首先购买教练机，在训练飞行员的同时还需要执行一些实际作战任务。例如，哥伦比亚空军就曾经动用从巴西购买的"超级巨嘴鸟"参加实战任务，在2007年它曾经出动"超级巨嘴鸟"高级教练机对境内的游击队投放激光制导炸弹，取得不错的战果。"超级巨嘴鸟"虽然是一款教练机，但是具备非常出色的对地攻击能力，载弹量超过1.5吨。"超级巨嘴鸟"在执行对地打击任务时可以携带 AGM-65"小牛"导弹、MK 81/82/83 炸弹、GBU-38/54 联合直接攻击弹药等先进弹药，甚至还可以使用 AIM-9"响尾蛇"空空导弹进行空战。凭借着出色的多任务能力，"超级巨嘴鸟"获得很多国家的青睐，阿富汗空军已经接收一批"超级巨嘴鸟"教练机，同样将它用于执行一些对地打击任务。

A-4"天鹰"战斗机的双座教练机型

现在越来越多的教练机在设计时就考虑到作战需要,不仅仅是当作一款教练机来设计。目前已有包括美国在内的一些国家对初级教练机进行改装,加装火箭发射装置和炸弹挂架,配装先进的航电设备,用于执行反恐作战和近距空中支援任务,一般不用于空战。但在这种情况下,改装后的飞机已经不是传统意义上的教练机,而是成为一种攻击机了。

"超级巨嘴鸟"教练机正在投射炸弹

飞行中的 F-16D 教练机

雅克 -130 教练机正在起飞

→ 军用无人机能否和战斗机正面交战

目前在主要国家装备的军用无人机中，能够执行攻击任务的无人作战飞机全部都是多任务无人机（如 MQ-9、MQ-1）。这类无人机既能执行侦察任务，也能执行对地突击任务。也就是说，这类无人作战飞机所执行的作战任务是对地面目标进行空中打击。与战斗机正面交战则属于制空作战任务，虽然空战型无人机也是美国等主要国家在高端无人作战飞机方面大力研究的发展方向，但目前还没有取得实质性的突破。

对于无人作战飞机来说，执行对地突击任务相对要简单得多。因为，大部分地面目标是位于特定作战地域的固定目标，无人作战飞机通过侦察进行预先战斗任务规划，飞到预定作战地域，按固定目标的坐标位置搜索并确定目标，然后实施攻击就可以完成相应的任务。即使目标是车辆和舰船等可机动的目标，由于车辆和舰船等活动目标的运动速度和运动方式相对简单，与无人作战飞机之间运动的角速度相对较小，采用人在回路的方式仍能对活动目标进行稳定跟踪，操控员制导空对面突击武器可对目标进行精确攻击。

但与战斗机进行正面交战的空战显然就复杂得多。一是空中目标相对于无人作战飞机的高度、速度、航向时刻都在改变，相对运动的角速度有时很大，对无人机制导系统进行稳定跟踪能力提出很高的要求，对无人机控制系统的响应速度也有很高的要求。目前的无人作战飞机都是由地面操控员控制，不仅响应速度难以满足空战要求，在大角速度情况下，目标会很快超出无人机传感器的视场。二是在需要对多个目标进行攻击时，需要对无人机的攻击目标进行合理分配。三是由无人机识别空中目标的敌我属性难度很大，存在较大的误击风险；四是如果在无人作战飞机上装备满足制空作战要求的先进传感器（如有源相控阵雷达、光电系统等），无人作战飞机的成本会大幅上升。

因此，在现阶段，能够自主进行空战的制空型无人作战飞机还没有达到实际应用的程度，美国等国家正在探索的是通过将有人机与多架无人机进行混合编队，由无人机作为有人机的忠诚僚机，无人机配装光电和电子支援系统并挂载空空导弹，利用多无人机交叉定位的方法，获取目标的火控级制导信息，传递给有人机，再由有人机对无人机进行控制和攻击制导，完成有人机与无人机的协同空战任务。这种无人机空战的作战概念在技术上最有可能实现。随着先进传感器成本的降低、人工智能技术的进一步成熟，未来很有可能会出现可自主空战的无人作战飞机，届时，我们就能看到无人作战飞机与有人机正面交锋的场景了。

装备在战场上的 MQ-9 无人机

MQ-1 无人机正在起飞

→ 未来无人作战飞机会取代有人作战飞机吗

20世纪六七十年代，美国就已经提出了利用无人机进行战斗的设想，发展至今，各个有能力的国家都将无人战斗机的发展列为无人机发展的一个热点。不过就目前的形势而言，无人作战飞机取代有人作战飞机的可能性并不大。

首先，无人战斗机适用于打击固定的战略设施，或是对地面部队进行打击。因为无人战斗机的作战水平远远低于由飞行员进行操控的常规战斗机，无法与敌方的常规战斗机进行缠斗，否则付出的代价较大，还不一定能够取得预期的战果。若是与实力较为雄厚的大国进行空中作战，用无人机作战群取代有人作战飞机还是不太合适。

其次，想要实现全面采用无人机作战的设想，就必须解决在定位系统方面受到的限制问题。目前只有中美俄以及欧盟拥有自主研发的全球卫星定位系统，且这些系统的水平高低不一，其中还是美国的 GPS 系统的性能独占鳌头。

除此之外，很多国家并没有自己研发的全球卫星定位系统，那么一旦这些国家利用无人机对拥有定位系统的国家作战，定位系统拥有国只要关闭系统，这些无人机就会变成无头苍蝇，寻找不到目标，只能被动挨打了。虽说有人作战飞机在此方面也会受到限制，但无人飞机对定位系统的依赖性更大。

如何避免敌方对己方无人机通信系统进行干扰也是一个难题。无人机需要利用通信系统接收总部传回的信息，并将自己的信息传递回总部，由此来分析情况，进行打击任务。若是敌方利用地面干扰机对无人机的通信卫星的运行进行干扰，使无人机的通信系统无法正常使用的话，那么无人机就无法进行打击任务了。

RQ-4 "全球鹰" 无人机编队

　　总的来说，无人机群作战的优点不少，但受到的限制也比较多，并且由于无人机的火力打击较小，在战场上面对有人战斗机时自身的生存率也不高。但是，在执行技术含量不高，或是环境极其恶劣、危险性强但又不得不进行的打击任务时，派出无人机执行任务依然是一个不错的选择。

MQ-1 无人机

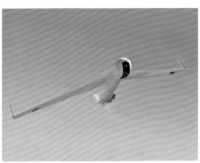

"扫描鹰"无人机

海上飞行的 MQ-8 "火力侦察兵"无人机

第 8 章

→ 未来军用无人机作战模式将是什么样的

作为高新技术在军事领域运用的代表，无人机以其具有的高机动、高灵活度、高隐蔽性以及低限制、低造价、零伤亡等特性，能在现代战场执行巡弋飞行、情报侦察、精确打击、毁伤评估、区域封控以及信息中继等多种作战任务。

随着科学技术的发展，军用无人机在现代战争中的应用范围更加广泛，在维护国家安全方面发挥着越来越重要的作用。未来战场上，网络信息领域的斗争日趋激烈，在信息对抗、通信中继、预警拦截、火力引导、目标指示甚至装备物资保障等方面，军用无人机都有着广阔的运用前景。

通过针对敌方地面雷达、电子装备、指挥信息系统等进行精准干扰破坏，或对自身信号进行有目的性的修改放大，诱骗敌防空预警系统，能有效打击敌方指挥、通信、侦察、预警能力，从而为己方信息安全、指挥作战提供有力保障。同时，通过建立完备的无人机冗余备份通信链路，即使遭遇敌火力打击，指挥通信系统依然能够迅速恢复，保证完整顺畅。无人机也可采用视距内模拟数传系统与超视距通信中继系统相结合的模式，拓展通信距离，保障通信中继。随着无人机装载量的不断提高，无人机担负物资运输、弹药补给甚至伤病员后送等后勤保障任务的能力也在显著增强。

未来军用无人机的发展方向还是和现在一样，主流必然还是一种战术消耗品，用来进行突防侦察和有限的战术作战，当然也可以向全天候高空侦察的大型无人机发展。集群式可以提升军用无人机的作战效能。由于造价低廉，除了完成定点侦察任务，军用无人机在完成范围侦察或者战术作战任务时，都可以集群作战，提高

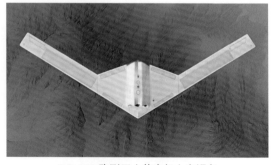

RQ-180 隐形无人侦察机上方视角

侦察效率，提升打击能力。也许一架无人机无法和战斗机决斗，但如果是一群无人机，则将极具优势。当然在这一时期，最需要突破的技术瓶颈就是无人机集群式作战的网络计算技术以及通信抗干扰技术。

MQ-25 "刺鳐" 无人机在空中给 E-2 "鹰眼" 预警机加油

另外，在长期的未来，智能计算机的解算能力在飞机的控制上将战胜大脑。那么那个时候的发展方向就是无人机将逐步完全地替代有人飞机。就类似于现在车辆自动驾驶模式的升级版，能够自动规避攻击和障碍物。操控者只需要对主要的任务决策预置或者远程传输指令即可，比如用什么方式打击哪个目标。当然这一时期，最需要突破的技术瓶颈就是降低成本，并实现智能计算机的小型化。

士兵正在发射无人机干扰器

CL-89 监视无人机正在发射

第 8 章

→ 如何应对现代战争中侦察与打击一体的无人机

在 2001 年阿富汗战争中，美国首次在 RQ-1 中空长航时无人侦察机上加装小型空地导弹，将侦察与打击融为一体，"察打一体"由此应运而生。"察打一体"方式在打击时敏目标和对高价值目标进行斩首打击方面发挥了重要的作用，也必然促使人们研究如何有效应对这种新型的打击方式。

"察打一体"虽然大大压缩了"观察—判断—决策—行动"的攻击链路，但也不是无懈可击。"察打一体"既然是由无人机完成对重要目标的精确击杀任务，那么无人机的飞行控制、传感器搜索发展与识别目标，以及空地武器的精确制导就是实现"察打一体"的关键环节，而这三个关键环节都存在程度不同的薄弱环节。

首先，无人机要到达预定的任务区，需要进行精准导航。目前无人机导航大都采用 GPS 卫星导航，但通过电子干扰完全可以阻断无人机获得稳定连续的 GPS 信号，使之无法进行精准导航，或者接收到的是错误的卫星导航信息。伊朗曾经捕获过美国的高端无人机，据说就是从 GPS 导航系统的弱点下手的。

其次，通过欺骗伪装措施仍然可以误导"察打一体"无人机的雷达和光电传感器，这种战术在历次战争中证明都是行之有效的。

再次，地面控制站通过上行控制链路对无人机进行控制，通过下行情报链路接收无人机回传的情报信息，而上行和下行链路都容易受到电子干扰的影响，这是无人机作战很难回避的弱点。

飞行中的 RQ-11 "乌鸦"无人机

最后，无人机投射的精确制导武器通常是激光制导和 GPS 卫星制导，虽然精度很高，但仍然容易受到环境的影响。烟雾等简单的遮蔽措施就可以影响激光制导效果，设置 GPS 干扰机也能在一定程度上屏蔽目标区域的 GPS 信号，使卫星制导炸弹不能接收到精确的卫星制导信号，迫使卫星制导炸弹转为惯性制导方式，从而大大降低卫星制导炸弹的命中精度。

"察打一体"方式之所以在阿富汗、伊拉克、叙利亚及非洲等地屡屡得手，在于未能及时感知威胁并采取有针对性的防范措施。只要预有准备，防范"察打一体"是完全可能的。

博物馆中展出的 RQ-1 无人机

士兵正在操控 RQ-11 "乌鸦" 无人机

第8章

参 考 文 献

[1] 艾登. 现代战机百科全书 [M]. 西风，译. 北京：中国画报出版社，2016.

[2] 《深度军事》编委会. 作战飞机鉴赏指南（珍藏版）[M]. 北京：清华大学出版社，2018.

[3] 灌木文化. 世界经典战机完全图解 [M]. 北京：化学工业出版社，2017.

[4] 霍姆斯. 简氏美军战机鉴赏指南 [M]. 杨晓珂，董奎，译. 北京：人民邮电出版社，2009.